职业教育示范性规划教材
职业院校技能大赛备赛指导丛书

气动与液压控制技术

庄汉清　编　著

電子工業出版社
Publishing House of Electronics Industry
北京·BEIJING

内 容 简 介

本书是根据职业院校机电专业主干课程教学大纲，同时参考了全国职业院校技能大赛 “液压与气动系统装调与维护”项目竞赛规程编写而成的。

本书设置了气压传动简单控制回路的搭建、气压传动电—气联合控制回路的搭建、液压传动系统控制回路的搭建、气动与液压综合实训四个项目，共 12 个任务。主要内容包括气动液压元件的结构与工作原理，气动与液压基本回路及应用回路的搭建，气动与液压系统的安装、调试与维护，继电器、传感器及 PLC 控制技术的综合应用等。

本书编写体例新颖，图文并茂，充分体现项目引领、任务驱动形式的理实一体化教学理念。本书可作为职业院校机电类专业及相关专业的学生用书，也可作为全国职业院校技能大赛 “液压与气动系统装调与维护”项目竞赛选手及指导老师的备赛指导丛书。

图书在版编目（CIP）数据

气动与液压控制技术 / 庄汉清编著. —北京：电子工业出版社，2018.2

ISBN 978-7-121-32322-5

Ⅰ. ①气… Ⅱ. ①庄… Ⅲ. ①气动技术－职业教育－教材②液压控制－职业教育－教材 Ⅳ. ①TH138 ②TH137

中国版本图书馆 CIP 数据核字（2017）第 182532 号

策划编辑：白　楠
责任编辑：裴　杰
印　　刷：北京虎彩文化传播有限公司
装　　订：北京虎彩文化传播有限公司
出版发行：电子工业出版社
　　　　　北京市海淀区万寿路 173 信箱　邮编　100036
开　　本：787×1 092　1/16　印张：9　字数：230 千字
版　　次：2018 年 2 月第 1 版
印　　次：2021 年 5 月第 7 次印刷
定　　价：24.00 元

凡所购买电子工业出版社图书有缺损问题，请向购买书店调换。若书店售缺，请与本社发行部联系，联系及邮购电话：（010）88254888，88258888。

质量投诉请发邮件至 zlts@phei.com.cn，盗版侵权举报请发邮件至 dbqq@phei.com.cn。

本书咨询联系方式：（010）88254592，bain@phei.com.cn。

编审委员会

（按姓氏笔画排序）

PREFACE

前 言

本书是根据职业院校机电专业主干课程教学大纲，同时参考了全国职业院校技能大赛“液压与气动系统装调与维护”项目竞赛规程编写而成的，可供职业院校机电专业及相关专业的学生使用。

气动与液压控制技术是职业院校机电专业的主干课程，内容包括气动与液压的基本知识、气动与液压元件、气动与液压基本回路、动力装置以及典型气动与液压传动系统，主要讲述气动与液压元件的结构特点、工作原理，基本回路构成的工作原理及其工程上的应用。本书具有以下特色。

（1）教材的编写采用“工作任务－相关知识－完成工作任务指导－工作任务评价表－思考与练习”的体例结构，突显职业教育特色。

（2）教材的内容以气压传动为主，液压传动为辅；系统回路的搭建从简单到复杂，将PLC控制技术融入其中，突出气动与液压控制技术在实际工程上的应用。

（3）教材的结构体例新颖、图文并茂，文字描述通俗易懂，便于自主学习。

（4）教学模式采用“做中教，做中学”理实一体化形式，强化学生实践能力和技术应用能力的培养。

（5）教学评价采用过程评价体系，充分发挥评价的教育和激励作用，促进学生的全面发展。

本课程建议教学总学时为80～100学时，各部分内容学时分配参考建议如下：

序号	教学内容	课时分配
1	项目一　气压传动简单回路的搭建	20～24
2	项目二　气压传动电-气联合控制回路的搭建	16～18
3	项目三　液压传动系统控制回路的搭建	16～18
4	项目四　气动与液压综合实训	18～22
5	附录A　YL-381B型PLC控制的气动与液压实训装置	10～18
	附录B　发密科仿真软件学习指南	
合计		80～100

本书由庄汉清编著，参与本书编写工作的还有郑捷敏、张乙鹏、王文兴、陈紫晗、杜鹭鹭等老师。在本书的编写过程中，还得到浙江亚龙教育装备股份有限公司、厦门汇浩电子科技有限公司、厦门市兄弟职业院校支持与协助，以及本书编审委员会中各位专家的指导与帮助，在此一并表示衷心感谢！

本书在编写中参考了相关文献和资料，在此也对相关作者表示衷心感谢！

由于编者水平和经验有限，书中难免存在错误和不当之处，敬请广大读者批评指正，以便及时修订。

编著者

CONTENTS

目　录

项目一

气压传动简单控制回路的搭建

气压传动系统由气源、气路、控制元件、执行元件及辅助元件等组成，并能够完成规定的动作。任何一个复杂的气动系统，都是由一些具有一定功能的气动基本回路、功能回路及应用回路组成的。

本项目通过完成单作用气缸的直接控制回路的搭建、单作用气缸的间接控制回路的搭建、单作用气缸的逻辑控制回路的搭建、双作用气缸的延时控制回路的搭建等工作任务，了解气压传动基本回路的构成和简单应用；掌握气压传动基本回路中各个元件的结构、工作原理及其作用；初步掌握合理选用气动元件、搭建与调试气动回路的方法和技能。

任务 1–1

单作用气缸的直接控制回路的搭建

工作任务

气动机械手结构示意图如图 1-1-1 所示，气动机械手工作要求：按下按钮单作用气缸活塞杆伸出，机械手将工件抓紧；松开按钮，活塞杆缩回，机械手将工件松开。单作用气缸动作采用直接控制。请你完成以下工作任务：

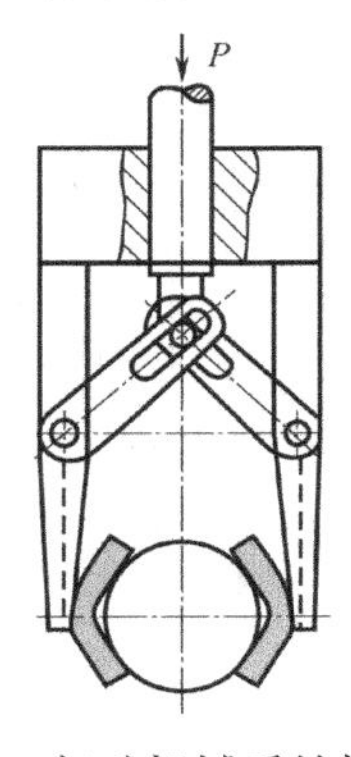

图 1-1-1　气动机械手结构示意图

（1）根据气动机械手的动作要求，绘制单作用缸的直接控制回路原理图。

（2）正确选择气压传动元件，并检查各元件的质量。

（3）将气压传动元件固定在实训装置上，按原理图连接好气管。

（4）调试气动回路，并达到控制要求。

相关知识

一、气源装置及气辅元件

气源装置是气压传动系统的动力元件，它为气压传动系统提供具有一定压力和流量的清洁干燥的压缩空气。

一般气源装置由空气压缩机、净化处理装置和传输管路系统等组成。气源装置如图 1-1-2 所示，气源装置各部件的名称及作用如表 1-1-1 所示。

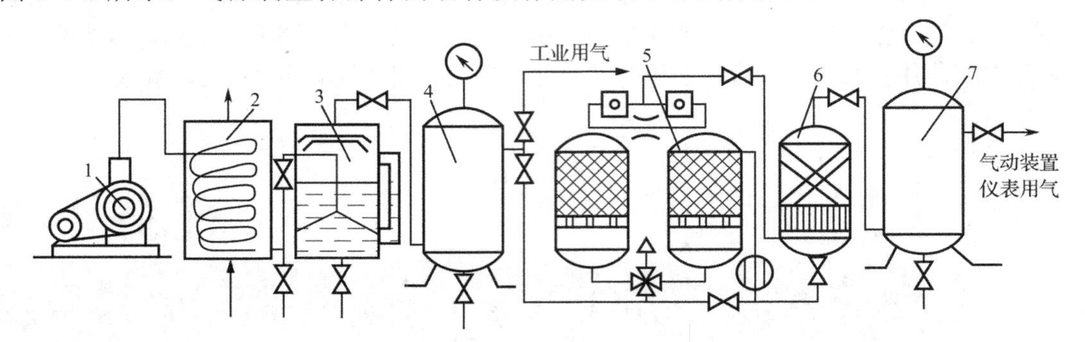

1—空气压缩机；2—后冷却器；3—油水分离器；4—气罐 1；5—干燥器；6—空气过滤器；7—气罐 2

图 1-1-2　气源装置

表 1-1-1　气源装置部件名称及作用

序　号	部件名称	作用
1	空气压缩机	产生压缩空气，一般由电动机带动。其吸气口装有空气过滤器以减少进入空气压缩机中气体的杂质
2	后冷却器	降温冷却压缩空气，使净化的水、油凝结出来
3	油水分离器	分离并排出降温冷却的水滴、油滴、杂质等
4	气罐 1	贮存压缩空气，稳定压缩空气的压力并除去部分水分和油分，其输出的压缩空气可供一般要求的气压传动系统使用
5	干燥器	进一步吸收或排除压缩空气中的水分和油分，使之成为干燥空气
6	空气过滤器	进一步过滤压缩空气中的灰尘等杂质
7	气罐 2	其输出的压缩空气可用于要求较高的气动系统装置

1. 空气压缩机

空气压缩机简称为空压机，是一种气压发生装置，将机械能转化为气体压力能的能量转换装置。

（1）空压机的分类

空气压缩机的种类很多，按工作原理、输出压力和流量的不同，可分为：

① 根据工作原理分为容积型压缩机和速度型压缩机。

② 根据输出压力等级可分为低压型（$0.2\text{MPa}<p<1.0\text{MPa}$）、中压型（$1.2\text{MPa}<p<10\text{MPa}$）、高压型（$10\text{MPa}<p<100\text{MPa}$）、超高压型压缩机（$p>100\text{MPa}$）。

③ 根据输出流量的大小可分为微型（$q<1\text{m}^3/\text{min}$）、小型（$1\text{m}^3/\text{min}<q<10\text{m}^3/\text{min}$）、中型（$10\text{m}^3/\text{min}<q<100\text{m}^3/\text{min}$）和大型（$q>100\text{m}^3/\text{min}$）。

（2）空压机的工作原理

气压传动系统中最常用的空气压缩机是往复活塞式。如图 1-1-3 所示，当活塞向左运动时，气缸内活塞右腔的压力低于大气压力，吸气阀被打开，空气进入气缸内，这个过程称为吸气过程。当活塞向右运动时，吸气阀在缸内压缩气体的作用下而关闭，缸内气体被压缩，这个过程称为压缩过程。当气缸内空气压力升高到略大于输气管内压力后，排气阀被打开，压缩空气进入输气管道，这个过程称为排气过程。

活塞的左右来回运动是由电动机带动曲柄转动，然后通过连杆、滑块、活塞杆转化为直线往复运动而产生的，不断产生压缩空气。

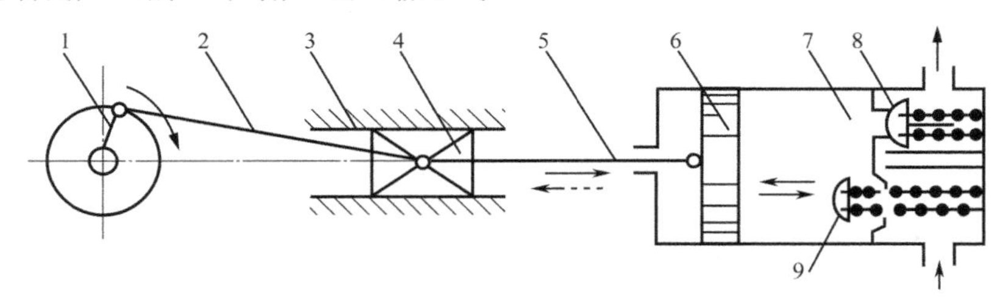

1—曲柄；2—连杆；3—滑道；4—滑块；5—活塞杆；6—活塞；7—气缸；8—排气阀；9—吸气阀

图 1-1-3 空气压缩机工作原理图

（3）空压机的选用

空气压缩机的选用应以气压传动系统所需要的工作压力和流量两个参数为主要依据。同时也需要考虑其工作可靠性、经济性与安全性。

一般气压传动系统工作压力为 0.5～0.6MPa，可选用低压型空压机。

2. 气源净化装置

气源净化装置一般包括后冷却器、油水分离器、贮气罐、干燥器、过滤器等，其结构简图、图形符号及作用说明如表 1-1-2 所示。

表 1-1-2　气源净化装置名称与作用部件

名称	结构简图	图形符号	作用说明
后冷却器	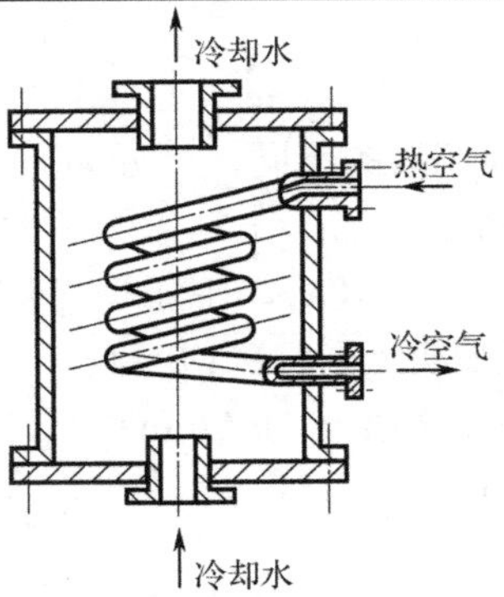 冷却水 热空气 冷空气 冷却水	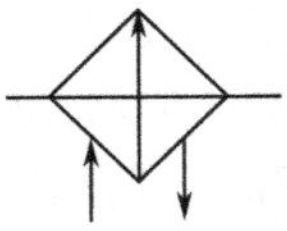	后冷却器安装在空气压缩机出口处，其作用是将空压机排出的压缩空气的温度由 140～170℃降至 40～50℃，使压缩空气中的油雾和水蒸气迅速达到饱和，析出并凝结成油滴和水滴，以便经油水分离器排出
油水分离器	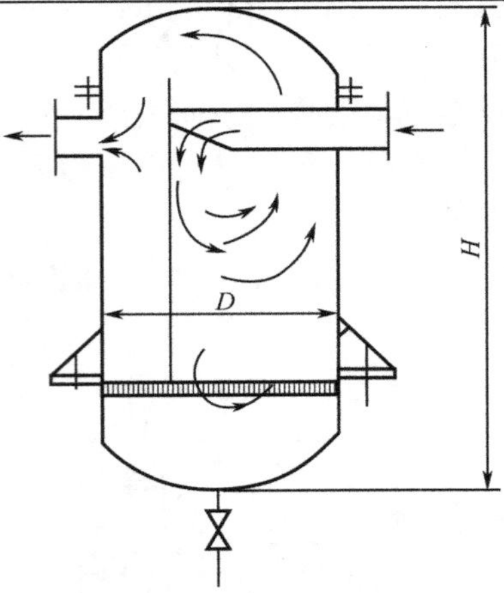 D H	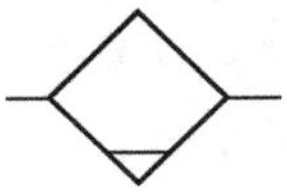	油水分离器安装在后冷却器出口管道上，其作用是分离并排出压缩空气中凝结的油分、水分和灰尘杂质等，使压缩空气得到初步净化
贮气罐	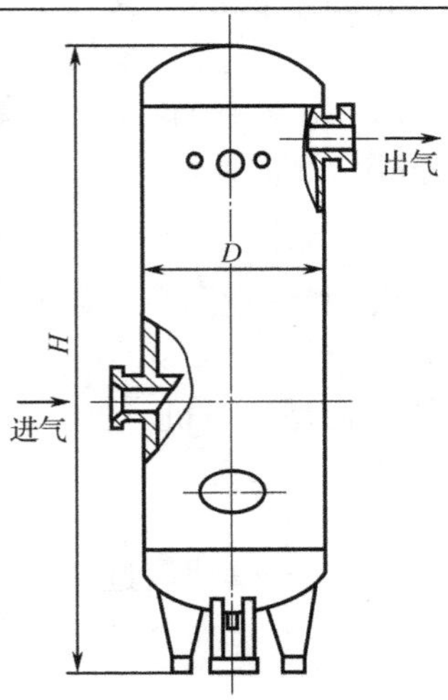 出气 D H 进气		其作用是用来贮存一定量的压缩空气，以解决短时间内用气量大于空气压缩机输出气量的矛盾，或作为应急气源维持短时间供气。同时，可减少气源输出气流的脉动，保证输出气流的连续性和平稳性

续表

名称	结构简图	图形符号	作用说明
空气干燥器			干燥器的作用就是进一步除去压缩空气中含有的少量水分、油分、粉尘等杂质，使湿空气成为干空气，提供给要求气源质量较高的系统及精密气动装置使用
过滤器	输出 输入 排水		过滤器主要用于除去压缩空气中的固态杂质、水滴、油污等污染物，是保证气动设备正常运行的重要元件。根据固体物质与空气分子大小和质量不同，利用惯性、阻隔和吸附的方法将灰尘和杂质与空气分离

3．气辅元件

气辅元件主要包括减压阀、油雾器、气动三联件、消声器及管件等。其结构简图、图形符号及作用说明如表 1-1-3 所示。

表 1-1-3　气辅元件部件的结构简图、图形符号及作用

名　称	结 构 简 图	图 形 符 号	作 用 说 明
减压阀	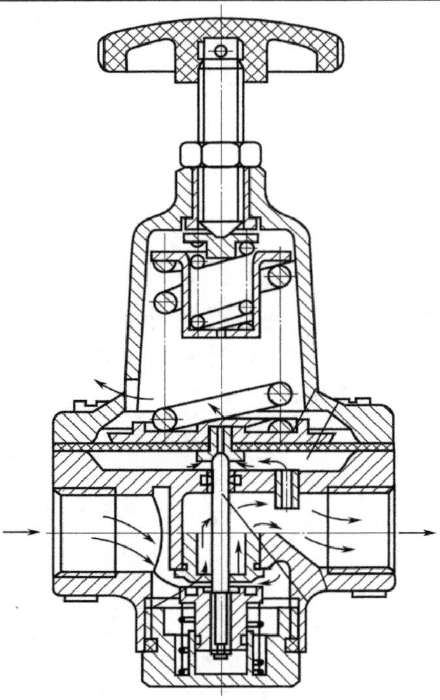	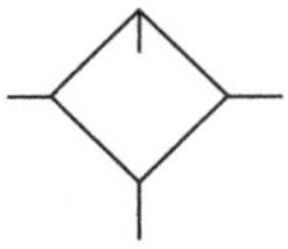	减压阀属于压力控制阀，其作用是将输入的较高空气压力调整到符合气动设备使用要求的压力，并保持输出压力稳定。 减压阀有直动式和先导式两种
油雾器	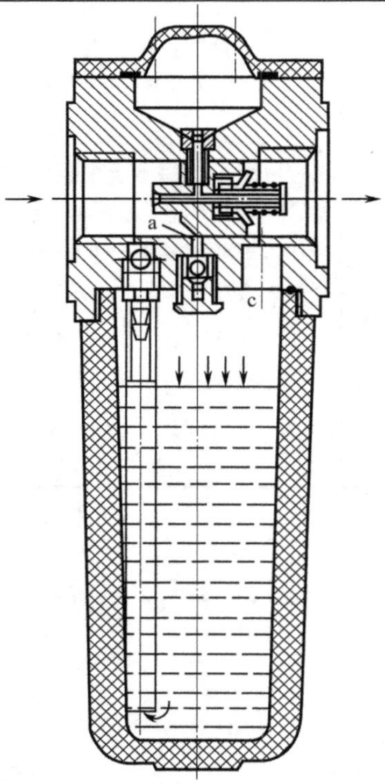	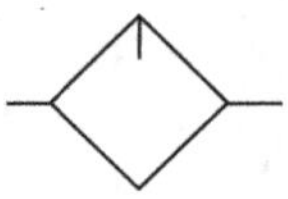	油雾器是一种特殊的注油装置，它以压缩空气为动力，将润滑油喷射成雾状混合于压缩空气中，随压缩空气进入需要润滑的部位，以达到的润滑目的

续表

名称	结构简图	图形符号	作用说明
气动三联件			将空气过滤器、带表头的减压阀、油雾器依次无管化连接而成的组件称为气动三联件，它安装于气动系统的气源端口处，作为气源调节装置使用
消声器			消声器就是通过阻尼或增加排气面积来降低排气速度和功率，从而达到降低噪声的目的
管件			管件包括管子和各种管接头。通过管子和管接头，可以把气动元件、执行元件及辅助元件等连接成气压传动系统

二、方向控制阀

改变和控制气流流动方向及气流通断的元件称为方向控制阀。它是气动系统中应用最多的一种控制元件。

方向控制阀的分类方法如下：

① 按气流在阀内的作用方向，可分为单向型方向控制阀和换向型方向控制阀；

② 按控制方式，可分为手动型、机动型、气动型、电磁型换向阀；

③ 按阀的工作位数及通路数，可分为二位三通阀、二位五通阀、三位五通阀等。

1. 单向阀

如图 1-1-4（a）所示，阀门在弹簧力的作用下处于关闭状态。当气流沿 P→A 方向流动时，由于在 P 口输入的气压作用在活塞上的力克服了弹簧力而将阀门打开，气流从 A 口流出；反之，当气流反方向流动时，阀芯在 A 口输入气压和弹簧力的一起作用下而关闭，气流无法从 P 口流出。

以上分析表明，这一类阀，气流只能沿一个方向流动而不能反方向流动，称之为单向阀。单向阀的图形符号如图 1-1-4（b）所示。

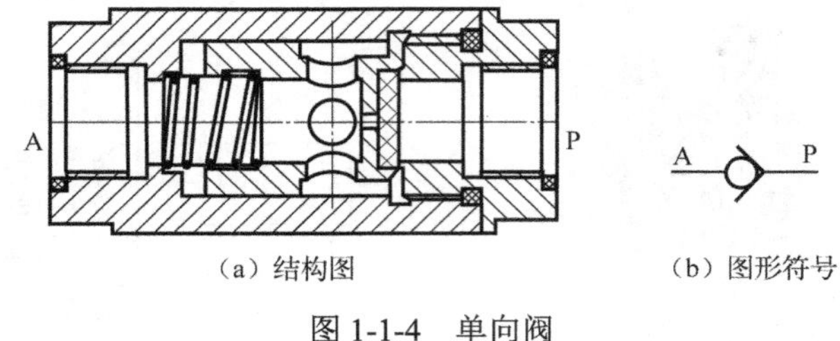

（a）结构图　　（b）图形符号

图 1-1-4　单向阀

2. 换向阀

可以改变气流流动方向及通断的方向控制阀称为换向型方向控制阀，简称为换向阀。换向阀按其结构可分为提动阀和滑动阀，两者均有常通型和常断型。

提动阀是利用圆球、圆盘、平板或圆锥阀芯，在垂直方向相对阀座发生移动以控制气路的通或断；滑动阀则是利用滑柱、滑板或旋转滑轴在阀体内运动以控制气路的通或断。

（1）换向阀的工作原理

如图 1-1-5 所示，当阀芯处于左位时，气压由 P 流向 B；当外力作用使阀芯移动置于右位时，气压由 P 流向 A，实现了换向阀的换向。当外力撤去时，在复位弹簧作用下阀芯回至初始位置，换向阀再次换向。

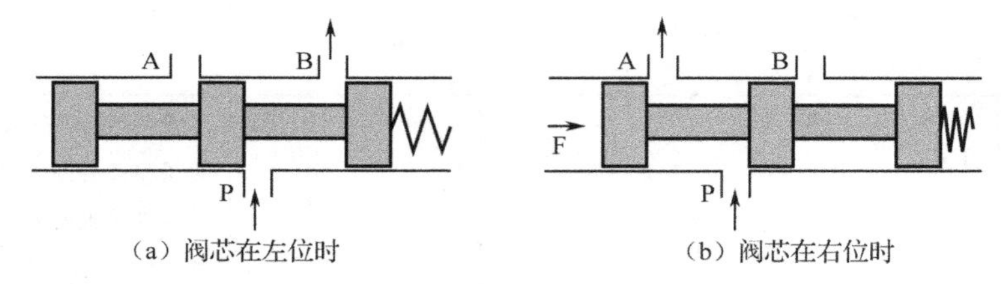

（a）阀芯在左位时　　（b）阀芯在右位时

图 1-1-5　换向阀的工作原理

（2）换向阀的图形符号

一个换向阀完整的图形符号应包括工作位置数（几位）、通路数（几通）、在各个位置上各通口的通断状态、控制方式、复位方式和定位方式等。仅表示出气动换向阀几位几通及切换位置综合情况的图形符号如表 1-1-4 所示。

表 1-1-4　气动换向阀的通路数和切换位置综合表示法

名称	二位		三位		
			中位加压	中位卸压	中位封闭
二通	2 1 常断型	2 1 常通型			

续表

名称	二位		三位		
			中位加压	中位卸压	中位封闭
三通	常断型	常通型			
四通					
五通					

表中换向阀图形符号的含义说明如下：

① 用方框表示阀的工作位置，有几个方框就表示阀有几“位”。阀的静止位置称为零位，二位阀中有弹簧的位为零位，三位阀中位为零位。气动系统图中各阀的位置均为静止位置。

② 阀的切换通口包括输入口、输出口、排气口。阀的气口可用数字或字母表示，如1（P）表示输入口；2（A或B）表示输出口；3（O）表示排气口，等等。

③ 二通阀和三通阀有常通型和常断型之分。常通型是指阀的控制口未加控制（即零位），1口和2口相通，用箭头表示（箭头只表示相通，不表示方向）；反之，常断型阀在零位时，1口和2口是断开的，用两个“⊥”表示。

（3）换向阀的控制方式

前面提到换向阀的控制方式有手动型、机动型、气动型和电磁型的，这里先了解手动型换向阀。

如图1-1-6所示为按钮式手动换向阀（二位五通阀）。未按压按钮时，通路状态是P与B，A与O_1相通，为阀的初始状态，如图（a）所示；按下按钮时，阀芯向下移动，复位弹簧被压缩，通路状态则是P与A，B与O_2相通，使换向阀换向，如图（b）所示。手松时，在复位弹簧作用下阀芯往上移动，恢复至阀的初始状态。

按钮式手动二位五通换向阀图形符号如图1-1-7（c）所示。

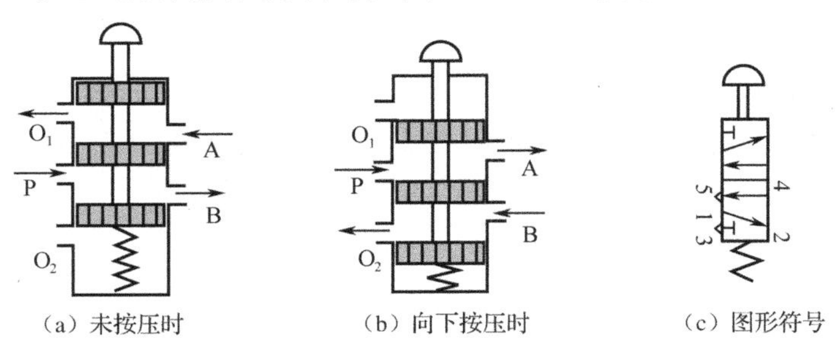

（a）未按压时　（b）向下按压时　（c）图形符号

图1-1-6　按钮式手动换向阀

气动换向阀的控制方式及其图形符号如表1-1-5所示。

表 1-1-5　气动换向阀的控制方式及其图形符号表示

控制方式	图形符号	
人力控制	一般手动操作	按钮式
	手柄式、带定位	脚踏式
机械控制	控制轴	滚轮杠杆式
	单向滚轮式	弹簧复位
气动控制	直动式	先导式
电磁控制	单电控	双电控
	先导式双电控，带手动	

三、气缸

气缸是气动系统中最常用的一种执行元件，其作用是将压缩空气的压力能转化为机械能，以实现直线往复运动。气缸具有结构简单、制造成本低、污染少、动作迅速、维修方便等优点，但也存在许多缺点，如工作压力低、气体可压缩性大、输出力较小，以及运动平稳性较差等。所以，气缸一般适用于轻载、对速度和位置控制精度要求不高的场合。

1. 气缸的分类

气缸的结构、形状有很多形式，分类方法也很多，常用的有以下几种：

（1）单作用气缸和双作用气缸。

（2）活塞式气缸、柱塞式气缸、薄膜式气缸、叶片式气缸、气—液阻尼缸。

（3）耳座式气缸、法兰式气缸、轴销式气缸、凸缘式气缸。

（4）普通气缸和特殊气缸。

2. 气缸的工作原理

以单作用气缸和双作用气缸为例，简要说明气缸的工作原理及其作用。

（1）单作用气缸

单作用气缸只有一个进、排气口，当有压缩空气时，弹簧被压缩，活塞杆伸出；当压缩空气撤销后，在弹簧力或重力的作用下活塞杆缩回，其结构原理图及图形符号如图 1-1-7 所示。

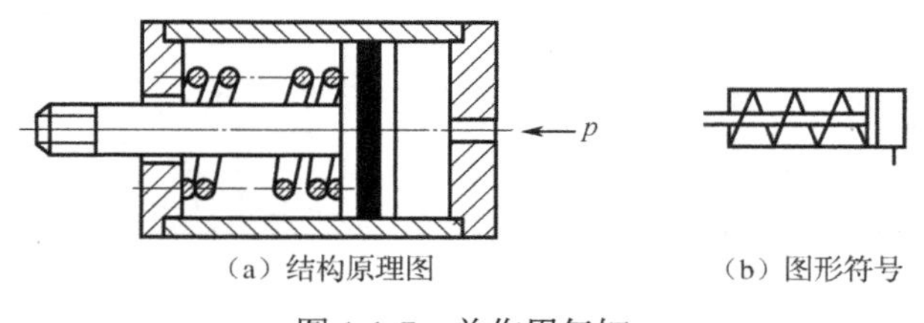

（a）结构原理图　（b）图形符号

图 1-1-7　单作用气缸

（2）双作用气缸

双作用气缸有两个相同的进、排气口，由活塞杆、缸筒、缸盖和密封圈等组成，其结构原理图及图形符号如图 1-1-8 所示。双作用气缸在压缩空气的作用下，其活塞杆既可以伸出，也可以缩回。

如图 1-1-8 所示，当压缩空气从右进、排气口进入，作用于活塞的无杆腔，而左进、排气口与大气相通时，活塞杆伸出。即使这时压缩空气撤去，活塞杆位置仍然保持而不会缩回。只有当压缩空气从左进、排气口进入，且右进、排气口与大气相通时，活塞杆才会缩回。这一点与单作用气缸活塞缩回依靠压缩弹簧的作用力是不同的。因此，只要左右进、排气口轮流进压缩空气，即可实现气缸的直线往复运动。

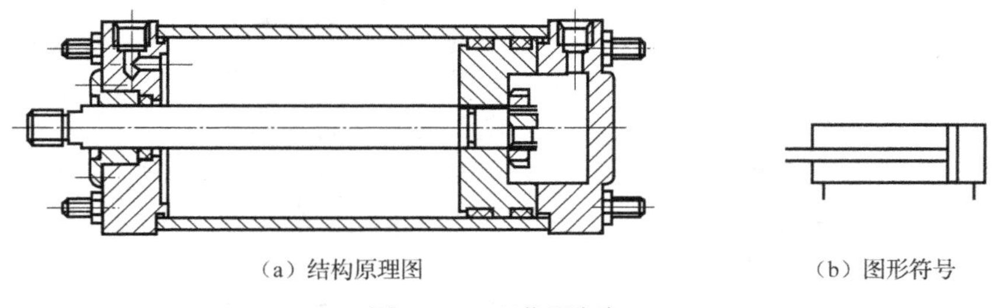

（a）结构原理图　（b）图形符号

图 1-1-8　双作用气缸

阅读材料

气压传动概述

气压传动技术是以空气为工作介质进行能量传递或信号传递及控制的技术，它已经成为当今工业科技的重要组成部分，广泛地应用于电子工业、包装机械、印染机械、食品机械等领域中。

气压传动就是利用空气压缩机把电动机输出的机械能转换为空气的压力能，然后在控制元件的作用下，通过执行元件把压力能转换为直线运动或回转运动形式的机械能，从而实现各种驱动动作。由此可见，气压传动系统由动力元件、执行元件、控制元件及辅助元件四个部分组成，其中压缩空气为传输介质。

一、气压传动的优缺点

1．气压传动的优点

（1）以空气作为工作介质，取之不尽，处理方便，用过以后直接排入大气，不会造成环境的污染。

（2）空气的黏度很小，流动阻力小，所以便于集中供气，可对中、远距离进行输送气源。

（3）气动控制动作迅速、反应快、维护简单、工作介质清洁，不存在介质变质和需要更换等问题。

（4）工作环境适应性好，即使在易燃易爆、多尘埃、辐射、强磁、振动、冲击等恶劣的环境中，气压传动系统的工作还是可靠安全的。

（5）气动元件的结构简单，且便于加工制造，使用寿命长，工作可靠性高。

2．气压传动的缺点

（1）由于空气的可压缩性大，气压传动系统的速度稳定性差，自然会给系统的速度和位置的控制精度产生很大的影响。

（2）气压传动系统的噪声大，尤其是排气时噪声更大，所以一般需要加设消音器。

二、空气的物理性质

自然界中的空气是由若干种气体混合而成的，其主要成分是氮气和氧气，分别占 21% 和 78%。除此之外，还有少量的二氧化碳、惰性气体及其他气体。通常空气中都会含有一定量的水蒸气，我们把含有水蒸气的空气称为湿空气，而不含水蒸气的空气称为干空气。

大气中的空气基本上都是湿空气，在一定温度下，含水蒸气越多，空气就越潮湿。空气作为传动系统的工作介质，其干湿程度对传动系统的稳定性和寿命有直接影响。因此，各种元件对空气的含水量有明确规定，对于一些要求较高的元件，还经常采取一些措施滤除空气中的水分。

空气的体积受温度和压力的影响较大，有明显的可压缩性。但是，在实际工程中，管路内气体流速较低，温度变化也不大，还是可以将空气看作不可压缩的理想气源。

气压传动设备工作时的排气，由于出口处气体急剧膨胀，会产生刺耳的噪声。而且随着排气的速度和功率增大，噪声也随之变大。

三、气体状态方程

理想气体是指没有黏性的气体。当一定量摩尔数 n 理想气体处于某一平衡状态时，气体的压力 p、体积 V 和温度 T 之间关系可用理想气体状态方程表示，即

$$pV = nRT \tag{1-1-1}$$

气体的压强也称压力，它的国际单位为 N/m^2；常用的单位还有：kgf/cm^2、MPa、Bar、atm、PSI。它们之间的换算关系是：$1kgf/cm^2 = 1Bar = 98000N/m^2 = 0.098\ MPa \approx 1atm$；1MPa=145PSI（磅力/英寸 ^{2}）。

严格讲，实际气体具有黏性，气体状态变化不符合理想气体状态方程。但是在气动技术中，气压回路的工作压力一般在 2.0MPa 以下，把实际气体看成理想气体，利用上述气体

状态方程计算的结果，与实际值的偏差还是相当小的。

完成工作任务指导

一、工具与器材准备

1. 工具

活动扳手、内六角扳手、十字螺钉旋具、剪刀。

2. 器材

实训台、单作用气缸、按钮阀（常断型）、空压机、气动三联件、管接头、塑料管。

二、气动回路的搭建

1. 任务分析

机械手的抓取和松开，是通过气缸伸出和缩回，推动铰链机构来实现的。要实现该任务所要求的控制，只要实现单作用气缸的往复直线运动的动作即可。

根据物料的大小及行程的长短，确定气缸的类型选择单作用气缸；根据按钮按下，气缸伸出，按钮松开，气缸缩回的要求，控制阀的类型选择常断型按钮式二位三通换向阀。

2. 画气动回路原理图

单作用气动直接控制回路原理图如图 1-1-9 所示。

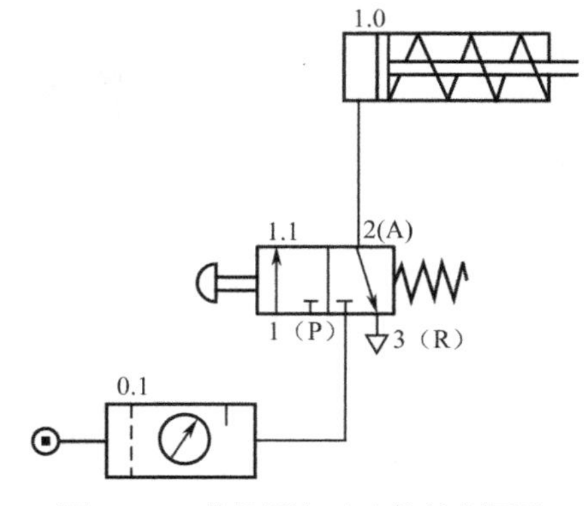

图 1-1-9 单作用气动直接控制回路

工作原理分析：打开气源，按下按钮，压缩空气从 1（P）经过阀门到达 2（A）出口，并克服气缸复位弹簧的阻力，使活塞杆伸出，实现抓取动作；按钮松开，复位弹簧使阀门回到初始位置，气缸回缩，完成机械手松开动作，空气从气缸经 3（R）口排放出。

3. 气动回路的搭建

（1）根据如图 1-1-9 所示的气动回路原理图，正确选择气动元件、气动辅助元件及其他材料。

（2）检查气动元件等的质量，如气缸和手动换向阀活动是否灵活，气路是否畅通；检查塑料线管有无破损或老化问题。

（3）按原理图进行气动回路的搭建，实验步骤如下：

① 先安装气缸底座、固定气缸。

② 依次固定换向阀、气动三联件。

③ 连接塑料气管，完成气动回路的连接。

气动回路的搭建过程如图 1-1-10 所示。

（a）安装气缸底座

（b）气缸安装固定

（c）安装其他元件

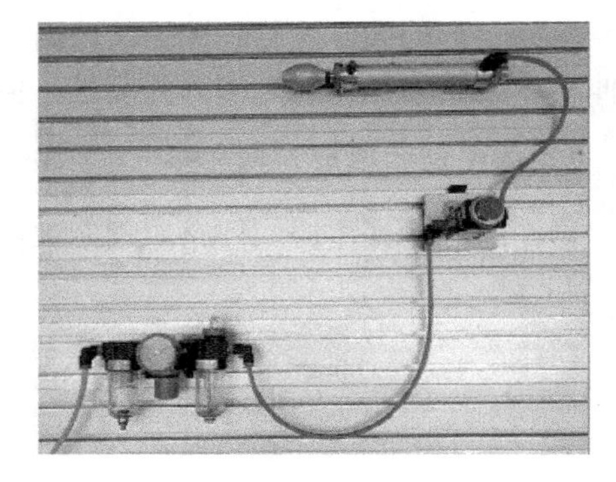

（d）连接气路

图 1-1-10　气动回路的搭建过程

三、气动回路的调试

1．气动回路的调试方法与步骤如下：

（1）打开气源，调节合适的气压（在 0.4～0.6MPa 范围）。

（2）按下按钮阀，观察气缸的动作是否伸出。

（3）松开按钮阀，观察气缸的动作是否缩回。

（4）完成实验后，关闭气源，拆下管线和元件并放回原位，整理实验台及环境卫生。

气动回路的调试过程如图 1-1-11 所示。

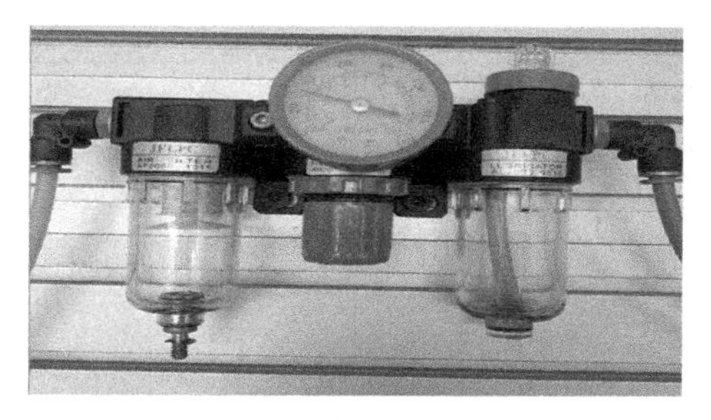

（a）打开气源

（b）调节气压的大小

（c）按下按钮气缸伸出

（d）松开按钮气缸缩回

图 1-1-11　气动回路的调试过程

2．实验分析

根据实验现象，请你归纳总结，并将实验结论填写于气缸动作情况记录表 1-1-6 中。

表 1-1-6　气缸动作情况记录表

序　　号	按钮阀动作	气缸动作情况
1	按下按钮	活塞杆伸出
2	松开按钮	活塞杆缩回

四、工作任务评价表

请你填写单作用气缸的直接控制回路的搭建工作任务评价表 1-1-7。

表 1-1-7　单作用气缸的直接控制回路的搭建工作任务评价表

序号	评价内容	配分	评价细则	学生评价	老师评价
1	工具与 器材准备	10	（1）工具少选或错选，扣 2 分/个； （2）器件少选或错选，扣 2 分/个		
2	气压回路搭建	40	（1）气压回路原理图未绘制，扣 10 分； （2）气压回路原理图绘制不正确，扣 5 分/处； （3）元件检查误检或漏检，扣 2 分/个； （4）元件安装位置不合理，扣 2 分/只； （5）元件安装不牢固，扣 2 分/只； （6）气管长度不合理，没有绑扎或绑扎不到位，扣 2 分/条； （7）气管连接不牢固，扣 2 分/条		

续表

序号	评价内容	配分	评价细则	学生评价	老师评价
3	气动回路调试	40	（1）气压值不在规定范围内，扣 5 分/次； （2）打开气源后，发现有漏气现象，扣 5 分/次； （3）按下按钮，气缸动作不正确，扣 10 分/次； （4）松开按钮，气缸动作不正确，扣 10 分/次 （5）气缸动作情况记录表未填写，或填写不正确、不完整，扣 5 分/个		
4	职业与 安全意识	10	（1）未经允许擅自操作，或违反操作规程，扣 5 分/次； （2）工具与器材等摆放不整齐，扣 3 分； （3）损坏工具，或浪费材料，扣 5 分； （4）完成任务后，未及时清理工位，扣 5 分； （5）严重违反安全操作规程，取消考核资格		
合计		100			

思考与练习

一、填空题

1．气压传动技术是以________为工作介质进行_______传递或______传递及控制的技术，它已经成为当今工业科技的重要组成部分，广泛应用于____________、____________、印染机械、食品机械等领域中。

2．气压传动系统由____________、____________、____________及辅助元件等组成，其传输介质为___________。

3．自然界的空气是由多种气体混合而成的，其主要成分是______和______。此外，空气中常含有一定量的水蒸气，这样的空气称为____________；而不含水蒸气的空气称为干空气。

4．空气的体积受________和________的影响较大，有明显的可压缩性。温度越高、压力越大，空气的可压缩性就________。只有在一定条件下，才能将空气看作不可压缩的。

5．气源装置（动力元件）是气压传动系统的一个重要组成部分，它为气压传动系统提供足够清洁、干燥，具有一定________和________的压缩空气。

6．如图 1-1-12 所示，在图形符号下面的横线上写出相应的元件名称：

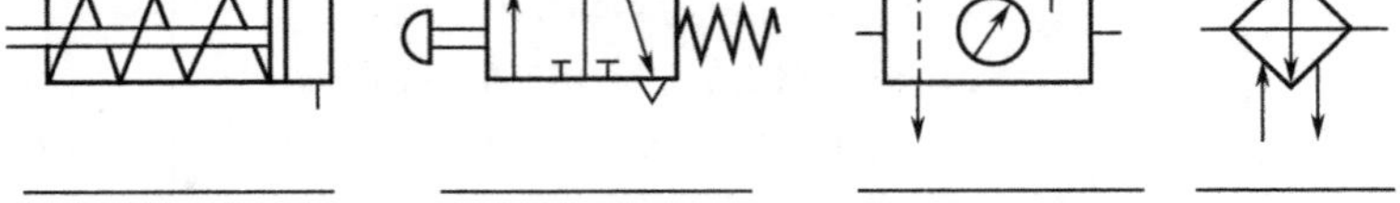

____________　____________　____________　____________

图 1-1-12　元件符号及名称

二、简答题

1．简述气压传动系统的优缺点。

2．单作用气缸和双作用气缸有什么区别？

3．根据任务 1-1 中所提出的控制要求，某同学搭建了相应的气压回路。调试时，发现：打开气源，气缸立即伸出；按下按钮阀，气缸不缩回。这是为什么？请你分析原因。

三、实操题

已知气压回路原理图如图 1-1-13 所示，请你完成气压回路的搭建与调试任务。回答：

（1）气压回路原理图中的元件名称分别是什么？

（2）分析气压回路的工作原理。

（3）将图中二位四通阀更换为二位五通阀，气缸的动作是否可以保持不变？

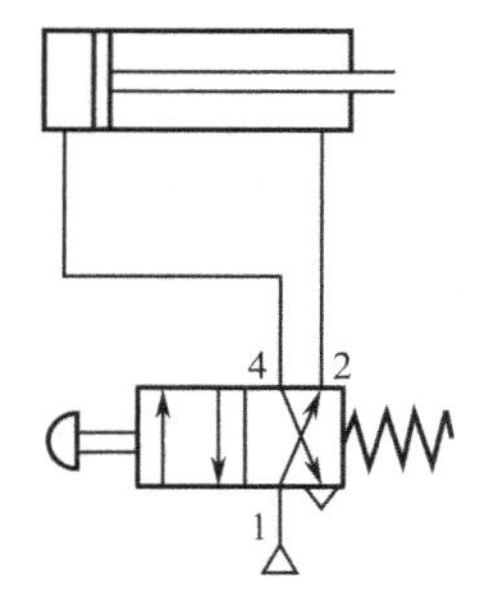

图 1-1-13　气压回路原理图

任务 1-2

单作用气缸的间接控制回路的搭建

工作任务

机械手抓取机构示意图如图 1-2-1 所示，机械手工作要求：按下按钮气缸活塞杆伸出，机械手将工件抓紧；松开按钮，活塞杆收回，机械手将工件松开。气缸动作采用间接控制。请你完成以下工作任务：

（1）根据机械手的动作要求，绘制单作用缸的间接控制回路原理图。

（2）正确选择气压传动元件，并检查各元件的质量。

（3）将气压传动元件固定在实训装置上，按原理图连接好气管。

（4）调试气动回路，并达到控制要求。

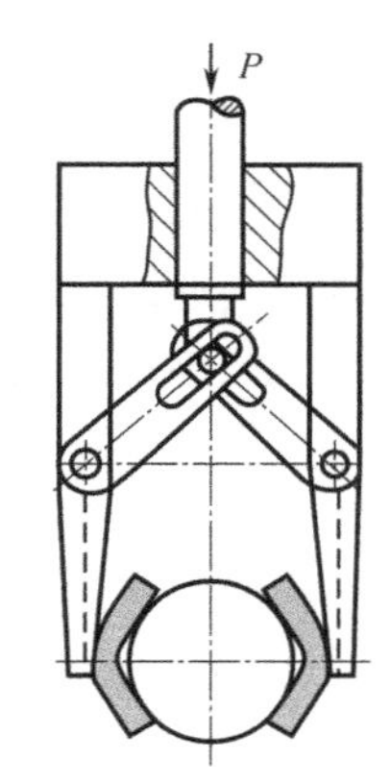

图 1-2-1　气动机械手结构示意图

相关知识

一、气压控制换向阀

气压控制换向阀是方向控制阀的一种，它是利用压缩空气的压力推动阀芯移动，使换向阀换向，从而实现气路换向或通断的。气压控制换向阀有单气控换向阀和双气控换向阀两种。气压控制换向阀适用于易燃、易爆、潮湿、灰尘多的等场合，操作运行安全可靠。

1. 单气控换向阀

单气控换向阀的工作原理及图形符号如图 1-2-2 所示。无气控信号时，阀的状态称为常态，如图 1-2-2（a）所示。此时，阀芯在弹簧力的作用下处于上端位置，使阀口 A 与 T 相通；当有气控信号 K 时，在气压的作用下，阀芯压缩弹簧往下移，使阀口 A 与 T 断开，而 P 与 A 相通，实现换向阀的换向动作，如图 1-2-2（b）所示。

当气控信号 K 撤去后，在弹簧力的作用下阀芯向上移动，阀的状态又回到图 1-2-2（a）所示的初始位置。

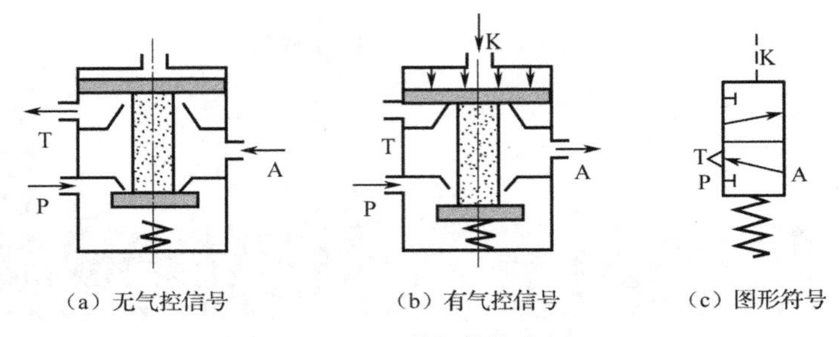

（a）无气控信号　（b）有气控信号　（c）图形符号

图 1-2-2　单气控换向阀

2. 双气控换向阀

双气控滑阀式换向阀的工作原理及图形符如图 1-2-3 所示。当有气控信号 K_1 时，阀芯停在右边，其通路状态是 P 与 A，B 与 T_2 相通，如图 1-2-3（a）所示；当有气控信号 K_2（且信号 K_2 已不存在）时，阀芯左移换位，其通路状态变为 P 与 B，A 与 T_1 相通，实现换向阀换向动作，如图 1-2-3（b）所示。

与单气控换向阀不同的是，双气控滑阀式换向阀即使气控信号撤去后，阀芯仍能保持在有信号时的工作状态，说明双气控换向阀具有记忆功能。

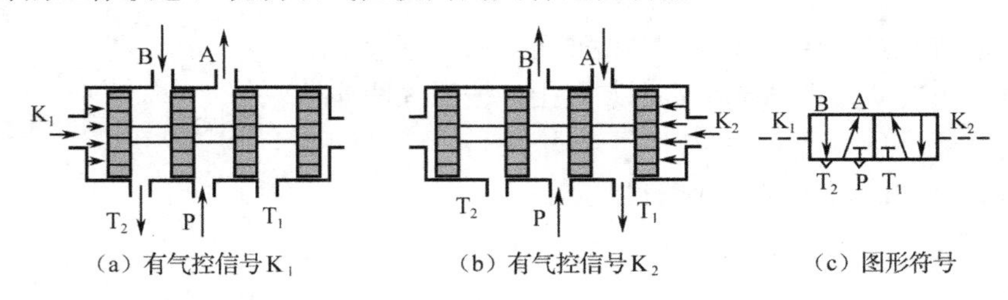

（a）有气控信号 K_1　（b）有气控信号 K_2　（c）图形符号

图 1-2-3　双气控滑阀式换向阀

二、直接控制与间接控制

1. 直接控制

通过人力或机械等外力直接控制换向阀，以实现执行元件的动作，这种控制方式称为直接控制。

直接控制方式，其操作力较小，只适用于对控制要求不高的，所需气流量和控制阀的尺寸较小的场合。

2. 间接控制

对于高速或大口径执行元件需要大操作力的控制或控制要求比较复杂的回路就不是用直接控制，而是采用间接控制。也就是说，执行元件的动作由气控换向阀来控制，人力、机械外力等外部信号只是用来控制气控换向阀，而不直接控制执行元件动作的。

阅读材料

气动马达

气动马达属于气动执行元件，是指将压缩空气的压力能转换为旋转的机械能的装置。一般作为更复杂装置或机器的旋转动力源，其作用相当于电动机或液压马达，即输出转矩和转速，以驱动机构做旋转运动。

一、气动马达的工作原理

最常用的气动马达是容积式气动马达，它利用工作腔的容积变化来做功，分叶片式、活塞式和齿轮式等型式。

如图 1-2-4 所示为叶片式气动马达结构原理图。气动马达主要由定子、转子、叶片及壳体等组成，在定子上有进-排气用的配气槽孔，转子上铣有长槽，槽内装有叶片。转子与定子偏心安装，定子两端盖有密封盖。这样，沿径向滑动的叶片与壳体内腔构成气动马达工作腔室。

压缩空气从进气口 A 进入，作用在工作室两侧的叶片上。由于转子偏心安装，气压作用在两侧叶片上产生的转矩差，使转子沿逆时针方向旋转。当偏心转子转动时，工作室容积发生变化，在相邻工作室的叶片上产生压力差，利用该压力差来推动转子转动。做功后的气体从排气口排出。

要改变转子的转向，只要改变压缩空气的输入方向即可。

叶片式气动马达一般在中、小容量及高速回转的范围使用，具有体积小、重量轻、结构简单等特点。其输出功率为 0.1～20kW，转速为 500～25000r/min。但是，叶片式气动马达的耗气量比活塞式大，且启动及低速运转时的特性不好，在转速 500r/min 以下场合使用时需要配用减速机构。

叶片式气动马达主要用于矿山机械和气动工具中。

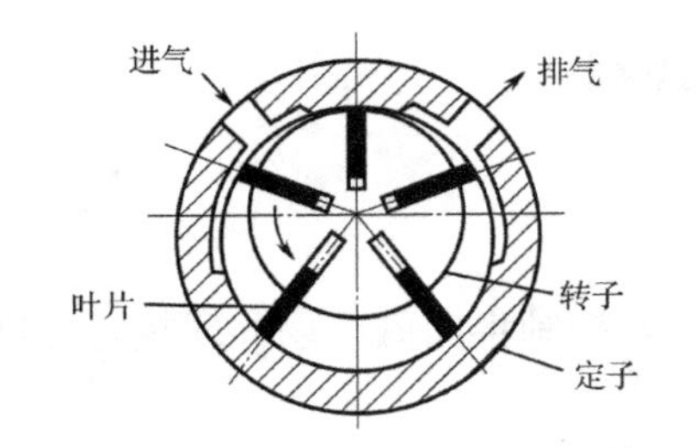

图 1-2-4　叶片式气动马达结构原理图

二、气动马达的优缺点

1. 优点

（1）可以无级调速，转速从每分钟几转到几万转；功率范围较大，功率小至几百瓦，大至几万瓦。

（2）具有较高的启动转矩．能带载启动。

（3）可长期满载工作，而温升较小；具有过载保护能力。

（4）结构简单，成本低，操纵方便，维修容易。

（5）工作安全，具有防爆等性能，同时不受高温及振动的影响。

2. 缺点

（1）转速稳定性差。不平稳，且输出功率相对较小，最大只有 20kW 左右。

（2）输出功率小，效率低，耗气量大。

（3）噪声大，容易产生振动；且对润滑要求高。

完成工作任务指导

一、工具与器材准备

1. 工具

活动扳手、内六角扳手、十字螺钉旋具、剪刀。

2. 器材

实训台、单作用气缸、手动二位三通换向阀（常断型）、单气控二位三通换向阀、空压机（气源）、气动三联件、管接头、塑料管。

二、气动回路的搭建

1. 任务分析

本任务的动作要求与任务 1-1 所要求的一致，但在实现方式上不同，要求采用间接控制方式。即需要气控换向阀来控制动作，需要人力、机械等换向阀来作为先导阀输入信号控制气控换向阀的换向。

根据任务要求，可确定各种气动元件：单作用气缸、常断型按钮式二位三通换向阀、气控二位三通换向阀。

2. 画气动回路原理图

单作用气缸间接控制回路原理图如图 1-2-5 所示。

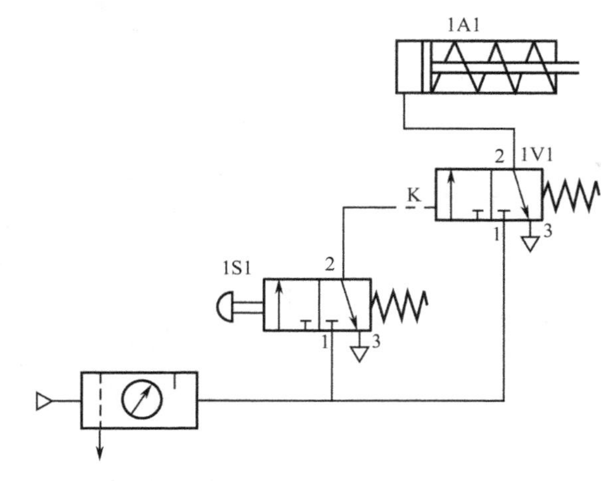

图 1-2-5　单作用气缸间接控制回路

工作原理分析：打开气源，按下手动换向阀（1S1）的按钮时，压缩空气从 1（P）经过阀门到达 2（A）出口，输出气动控制信号给主控阀（1V1），主控阀换向驱动单作用缸（1A1）伸出，实现抓取动作；当按钮松开时，手动换向阀（1S1）在弹簧作用下复位，手动换向阀重新处于零位状态，气动控制信号消失，主控阀（1V1）在弹簧的作用下也复位，驱动单作用缸的操作力消失，在单作用气缸（1A1）弹簧的作用下活塞杆缩回，完成机械手松开动作，空气从气缸经 3（R）口排放出。

3. 气动回路的搭建

（1）根据如图 1-2-8 所示的气动回路原理图，正确选择气动元件、气动辅助元件及其他材料。

（2）检查气动元件等的质量，如气缸和手动换向阀活动是否灵活，气路是否畅通；检查塑料线管有无破损或老化问题。

（3）按原理图进行气动回路的搭建，实验步骤如下：

① 先安装气缸底座、固定气缸。

② 依次固定气控换向阀、手动换向阀、气动三联件。

③ 连接塑料气管，完成气动回路的连接。

气动回路的搭建过程如图 1-2-6 所示。

（a）安装气缸底座

（b）气缸安装固定

（c）安装其他元件

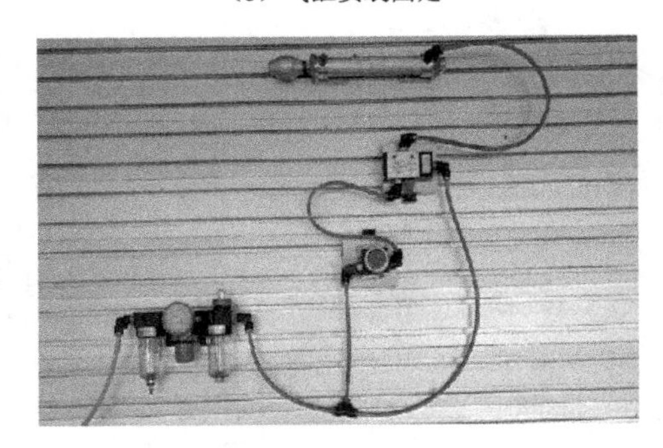

（d）连接气路

图 1-2-6　气动回路的搭建过程

三、气动回路的调试

1. 气动回路的调试方法与步骤如下：

（1）打开气源，调节合适的气压（在 0.4～0.6MPa 范围）。
（2）按下按钮阀，观察气缸的动作是否伸出。
（3）松开按钮阀，观察气缸的动作是否缩回。
（4）完成实验后，关闭气源，拆下管线和元件并放回原位，整理实验台及环境卫生。
气动回路的调试过程如图 1-2-7 所示。

2. 实验分析

根据实验现象，请你归纳总结，并将实验结论填写于气缸动作情况记录表 1-2-1 中。

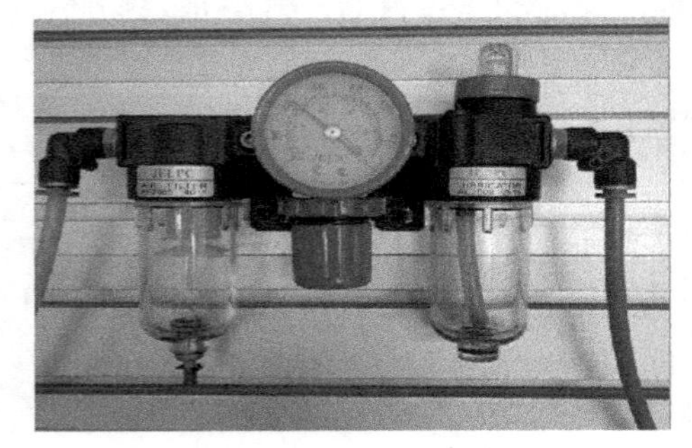

（a）打开气源

（b）调节气压的大小

图 1-2-7　气动回路的调试过程

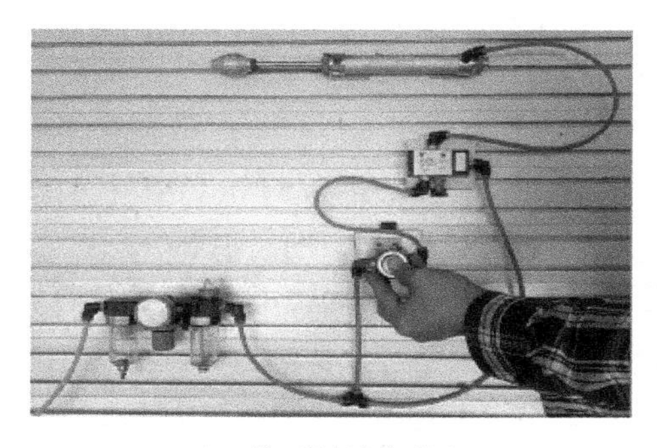

（c）按下按钮气缸伸出

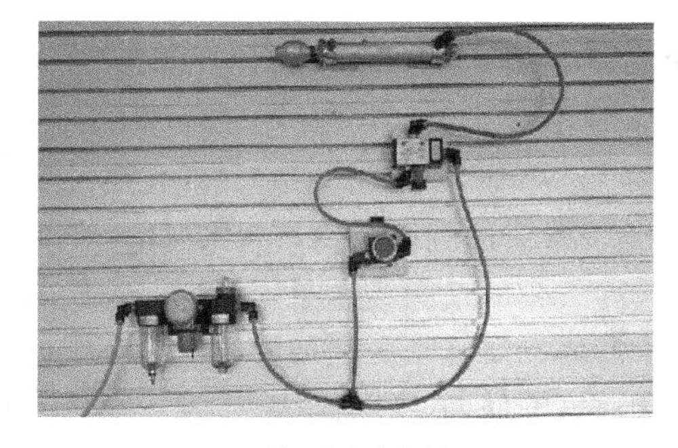

（d）松开按钮气缸缩回

图 1-2-7 气动回路的调试过程

表 1-2-1 单作用气缸动作情况记录表

序号	按钮阀动作	气缸动作情况
1	按下按钮	活塞杆伸出
2	松开按钮	活塞杆缩回

四、工作任务评价表

请你填写单作用气缸的间接控制回路的搭建工作任务评价表 1-2-2。

表 1-2-2 单作用气缸的间接控制回路的搭建工作任务评价表

序号	评价内容	配分	评价细则	学生评价	老师评价
1	工具与器材准备	10	（1）工具少选或错选，扣 2 分/个； （2）器件少选或错选，扣 2 分/个		
2	气压回路搭建	40	（1）气压回路原理图未绘制，扣 10 分； （2）气压回路原理图绘制不正确，扣 5 分/处； （3）元件检查误检或漏检，扣 2 分/个； （4）元件安装位置不合理，扣 2 分/只； （5）元件安装不牢固，扣 2 分/只； （6）气管长度不合理，没有绑扎或绑扎不到位，扣 2 分/条； （7）气管连接不牢固，扣 2 分/条		
3	气动回路调试	40	（1）气压值不在规定范围内，扣 5 分/次； （2）打开气源后，发现有漏气现象，扣 5 分/次； （3）按下按钮，气缸动作不正确，扣 10 分/次； （4）松开按钮，气缸动作不正确，扣 10 分/次； （5）气缸动作情况记录表未填写，或填写不正确、不完整，扣 5 分/个		
4	职业与安全意识	10	（1）未经允许擅自操作，或违反操作规程，扣 5 分/次； （2）工具与器材等摆放不整齐，扣 3 分； （3）损坏工具，或浪费材料，扣 5 分； （4）完成任务后，未及时清理工位，扣 5 分； （5）严重违反安全操作规程，取消考核资格		
合计		100			

思考与练习

一、填空题

1. 气压控制换向阀是利用压缩空气的________推动阀芯移动，使换向阀________，从而实现气路的换向或通断。气压控制换向阀适用于易燃、易爆、潮湿、灰尘多等场合。

2. 本次工作任务所用的气动回路中，执行元件是____________；控制元件是________换向阀，它的换向方式是________，复位方式是________；信号输入元件是__________。

3. 通过人力或机械外力________控制换向阀，以实现执行元件________的控制方式称为直接控制。这种控制方式，其操作力________（较大、较小），只适用于所需气流量和控制阀的尺寸较小的场合。

4. 气动马达属于气动________元件，它是将压缩空气的________能转换为________能的转换装置，输出________和转速，以驱动机械做________运动。

二、简答题

1. 简述气动马达的优缺点。
2. 间接控制方式与直接控制方式有什么不同？
3. 调试气动回路时，应注意哪些事项？

三、实操题

为了满足任务 1-2 的控制要求，采用如图 1-2-8 所示气压回路原理图的设计方案。请你完成气压回路的搭建与调试任务，并回答：

（1）气压回路原理图中的元件名称分别是什么？

（2）分析气压回路的工作原理。

（3）该设计方案是否合理？为什么？

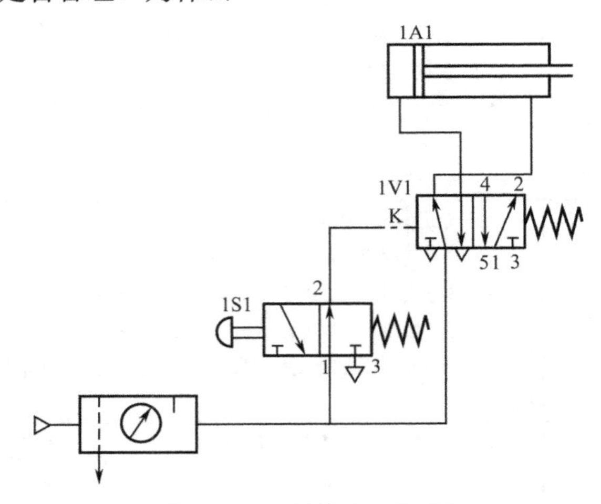

图 1-2-8　气压回路原理图

任务 1–3 单作用气缸的逻辑控制回路的搭建

工作任务

任务一：按下按钮 1S1、1S2 中的任意一个，单作用气缸活塞杆即可伸出；当松开按钮时，活塞杆缩回。

任务二：同时按下按钮 1S1 和 1S2，单作用气缸活塞杆伸出；当松开任一按钮时，活塞杆缩回。

根据任务一、二所要求的控制方式，请你完成以下工作任务：

（1）根据气缸的动作要求，分别绘制单作用气缸的“或”逻辑控制回路原理图、“与”逻辑控制回路原理图。

（2）正确选择气压传动元件，并检查各元件的质量。

（3）将气压传动元件固定在实训装置上，按原理图连接好气管。

（4）分别调试两个气动回路，并达到控制要求。

相关知识

一、或门型梭阀与“或”逻辑控制

在实际应用中，经常会遇到需要两处或多处地方都能控制同一执行元件，这种控制方式在逻辑关系上称为“或”逻辑。

1. 或门型梭阀

或门型梭阀为方向控制阀，属于气动逻辑元件，它由阀体、阀芯、阀座、两个输入口和一个输出口构成，其结构图及图形符号如图 1-3-1 所示。

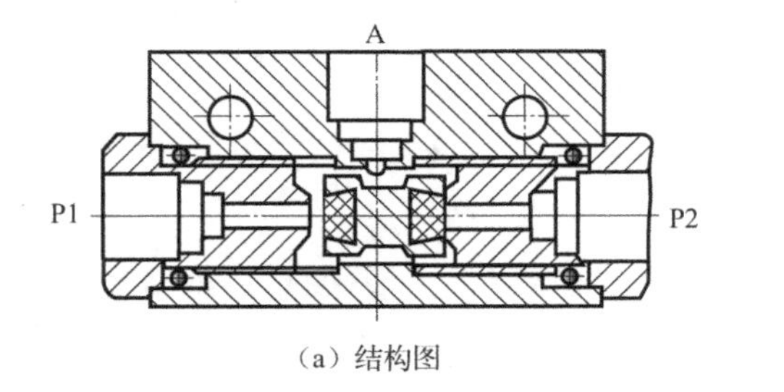

（a）结构图

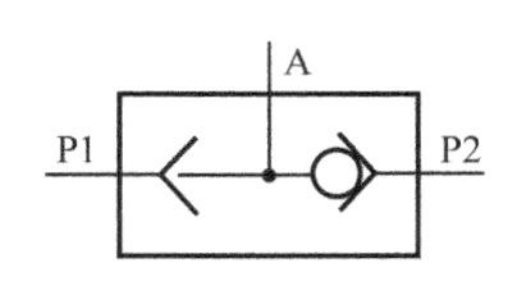

（b）图形符号

图 1-3-1　或门型梭阀

当输入口 P1 进气时，推动阀芯右移，封堵另一输入口 P2，使 P1 与 A 相通，则气流从输出口 A 出；反之，当输入口 P2 进气时，推动阀芯左移，封堵输入口 P1，使 P2 与 A

相通，则气流从输出口 A 出。若 P1 与 P2 都进气时，哪端压力高，输出口 A 就与那端相通，另一端就自动关闭。

以上分析表明，或门型梭阀相当于由两个单向阀串联组成，无论是输入口 P1 还是 P2 有气体输入，输出口 A 总是有气体输出的。这种作用相当于“或门”逻辑功能。

2. “或”逻辑控制

在输入的两个或多个控制信号中，只要有一个控制信号满足时就能产生输出，这就是“或”逻辑的关系。“或”逻辑经常被用于电、气路控制回路中进行两地或多地控制。“或”逻辑的功能在气动回路中是可以通过或门型梭阀来实现的，如图 1-3-2 所示。

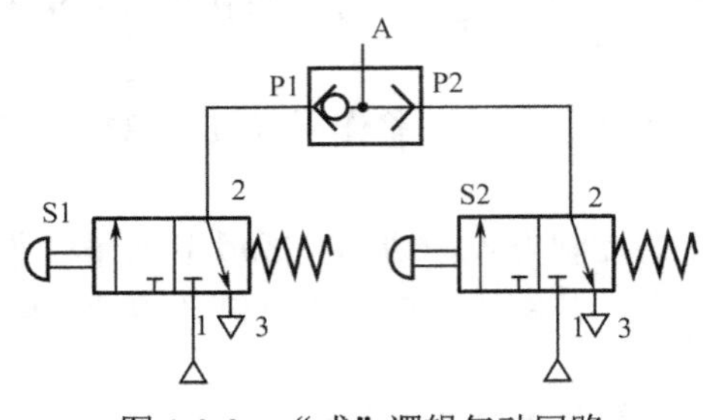

图 1-3-2　“或”逻辑气动回路

二、与门型梭阀与“与”逻辑控制

在实际应用中，为了安全起见，需要双手同时操作，执行元件才能执行动作，这种控制方式在逻辑关系上称为“与”逻辑。

1. 与门型梭阀

与门型梭阀又称为双压阀，为方向控制阀，属于气动逻辑元件，由阀体、阀芯、阀座、两个输入口和一个输出口组成，其结构图及图形符号如图 1-3-3 所示。

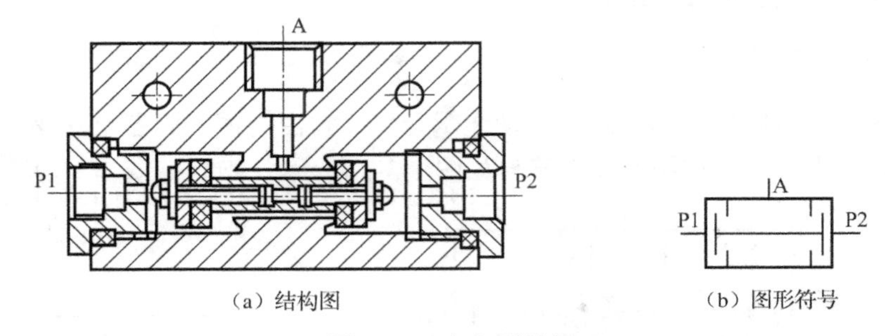

（a）结构图　　（b）图形符号

图 1-3-3　与门型梭阀

当输入口 P1 或 P2 单独有输入信号（指压缩空气）时，阀芯被推向右端或左端，此时输出口 A 无信号输出；当输入口 P1、P2 同时有输入信号时，阀芯只能堵住一个输入口，输出口 A 就会有信号输出。

以上分析表明，与门型梭阀相当于两个单向阀的组合，只有 P1 口和 P2 都有气体输入时，输出口 A 才会有气体输出的。这种作用相当于“与门”逻辑功能。

2. “与”逻辑控制

在输入的两个或多个控制信号中，只有都满足条件时才能产生输出，这就是“与”逻辑的关系。“与”逻辑的功能在气动回路中是可以通过控制信号的串联或用与门型梭阀来实现的，如图 1-3-4 所示。

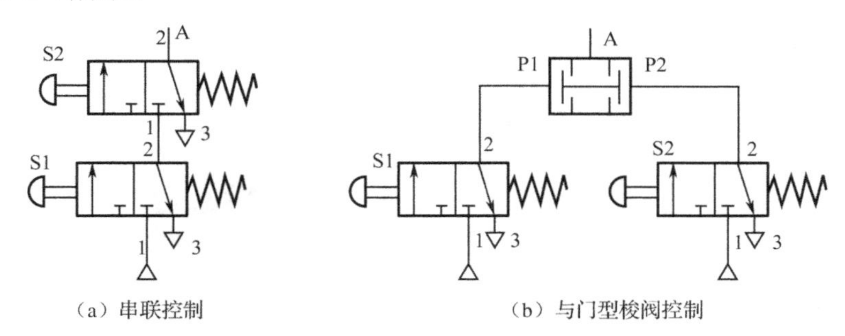

（a）串联控制　　（b）与门型梭阀控制

图 1-3-4　“与”逻辑气动回路

阅读材料

摆动气缸与手指气缸

一、摆动气缸

摆动气缸是一种在小于 360° 角度范围内做往复摆动的气缸，它是压缩空气的压力能转换成机械能，输出力矩使机构实现往复摆动。摆动气缸按其结构的不同，可分为叶片式和活塞式两种。

1. 叶片式摆动气缸

叶片式摆动气缸由叶片轴转子、定子、缸体和前后端盖等部分组成。定子和缸体固定在一起，叶片和转子连在一起。在定子上有两条气路，当左路进气时，右路排气，压缩空气推动叶片带动转子顺时针摆动；反之，做逆时针方向摆动。这种气缸是依靠外置的停止装置来设定角度的。

叶片式摆动气缸一般只用在安装位置受到限制的场合，如夹具的回转，阀门开闭及工作台转位等。

2. 活塞式摆动气缸

活塞式摆动气缸是将活塞的往复运动通过机构转变为输出轴的摆动运动。按其结构特点又可分为齿轮齿条式、螺杆式和曲柄式等几种。

齿轮齿条式摆动气缸，是利用气压推动气缸活塞做直线运动，再将活塞带动齿条的往复运动通过机构转变为输出轴的摆动运动。这种摆动气缸，摩擦损失少，效率较高，可以达到 95%左右。

二、手指气缸

手指气缸，又名气动手指、气动爪、气动夹指。它是利用压缩空气作为动力，用来夹取或抓取工件的执行装置。根据样式可分为 Y 型夹指和平行夹指。在自动化系统中，气动手爪可代替人工，应用在搬运、传送工件机构中抓取、拾放物体。这样，可有效地提高生产效率及工作的安全性。

（a）摆动气缸

（b）手指气缸

图 1-3-5　特殊气缸实物图

完成工作任务指导

一、工具与器材准备

1. 工具

活动扳手、内六角扳手、十字螺钉旋具、剪刀。

2. 器材

实训台、单作用气缸、手动二位三通换向阀（常断型）、气控二位三通换向阀、或门型梭阀、与门型梭阀、空压机（气源）、气动三联件、管接头、塑料管。

二、气动回路的搭建

1. 任务分析

（1）任务一

任务一的特点是按下两个按钮中的任意一个（只要有一个输入信号），单作用气缸活塞杆即可伸出（有输出信号）；当松开按钮时（输入信号取消），活塞杆缩回（无输出信号）。这就要求在控制上能实现“或”逻辑的控制。气路上可用或门型梭阀来实现。

（2）任务二

任务二的特点是只有同时按下两个按钮（同时有两个输入信号），单作用气缸活塞杆即可伸出（有输出信号）；当松开按钮时（输入信号取消一个或两个），活塞杆缩回（无输出信号）。这就要求在控制上能实现“与”逻辑的控制。气路上可用与门型梭阀来实现。

2. 画气动回路原理图

（1）单作用气缸的“或”逻辑控制回路原理图。

单作用气缸的“或”逻辑控制回路原理图如图 1-3-6 所示。

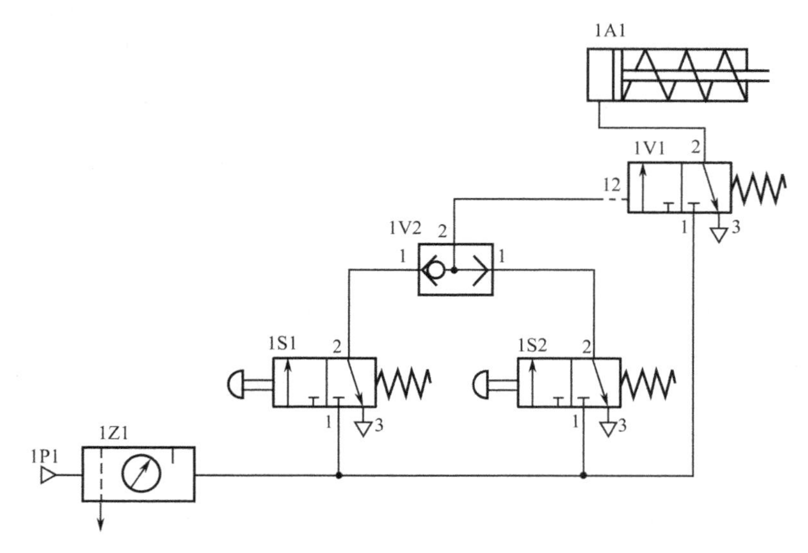

图 1-3-6　单作用气缸“或”逻辑控制回路

工作原理分析：打开气源，气源送到两个手控换向阀（1S1、1S2）和单气控换向阀（1V1）输入口 1 而被关闭，单作用气缸（1A1）的活塞杆在弹簧力作用下处于缩回状态。

当按下手控换向阀（1S1、1S2）中的任意一个按钮时，气源从 1S1 或 1S2 的 1 口进 2 口出，推动或门型梭阀（1V2）的阀芯向右或左移动，输出控制信号给单气控换向阀（1V1）换向，驱动单作用气缸（1A1）活塞杆伸出。

当释放手动换向阀的按钮后，气路断开，1V1 复位，1A1 活塞杆缩回。

（2）单作用气缸的“与”逻辑控制回路原理图

单作用气缸“与”逻辑控制回路原理图如图 1-3-7 所示。

工作原理分析：打开气源，气源送到两个手控换向阀（1S1、1S2）和单气控换向阀（1V1）输入口 1 而被关闭，单作用气缸（1A1）的活塞杆在弹簧力作用下处于缩回状态。

当同时按下手控换向阀（1S1、1S2）的按钮时，气源通过 1S1 或 1S2 从 1V2 的 2 口输出，送到换向阀 1V1 的控制口 12，换向阀换向，压缩空气从 1V1 输出口 2 输出驱动单作用气缸（1A1），使活塞杆伸出。

当任意释放手动换向阀 1S1 或 1S2 的按钮后，手动换向阀在弹簧力作用下复位，1V2 将会被关闭，无输出信号。1V1 在弹簧力作用下复位，1V1 气路关闭。单作用气缸（1A1）在复位弹簧力作用下活塞杆缩回。

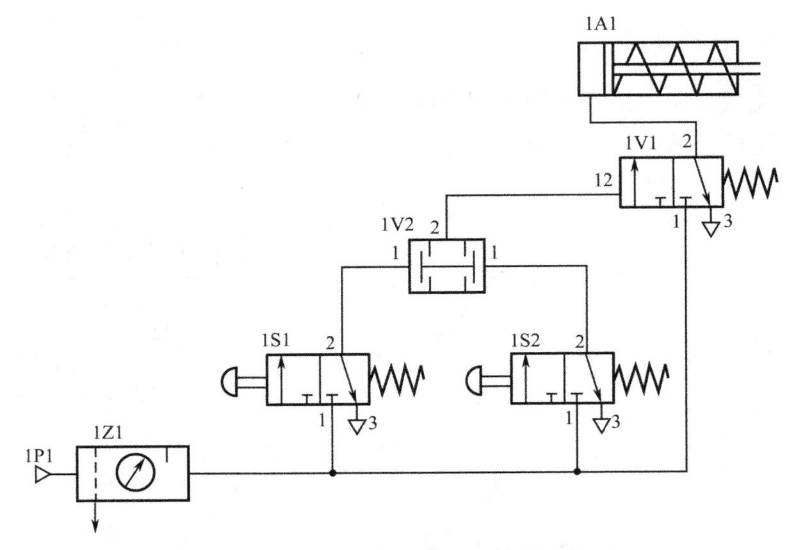

图 1-3-7　单作用气缸“与”逻辑控制回路

3. 气动回路的搭建

（1）根据如图 1-3-6 所示的气动回路原理图，正确选择气动元件、气动辅助元件及其他材料。

（2）检查气动元件等的质量，如气缸和手动换向阀活动是否灵活，气路是否畅通；检查塑料线管有无破损或老化问题。

（3）按原理图进行气动回路的搭建，实验步骤如下：

① 先安装气缸底座、固定气缸。

② 依次固定气控换向阀、手动换向阀、气动三联件。

③ 连接塑料气管，完成气动回路的连接。

气动回路的搭建过程如图 1-3-8 所示。

（a）安装气缸底座

（b）气缸安装固定

（c）安装其他元件

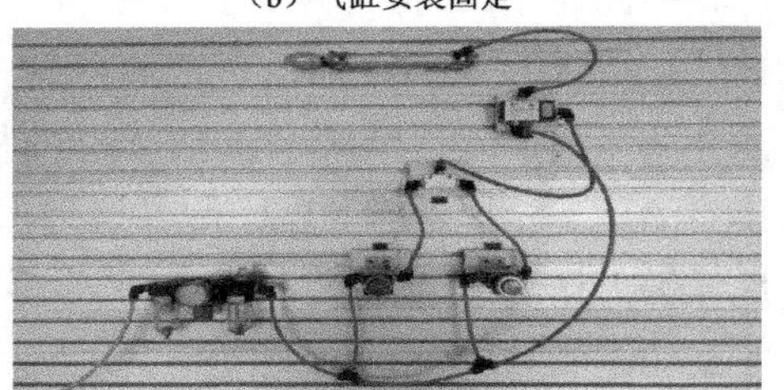

（d）连接气路

图 1-3-8　“或”逻辑控制气动回路的搭建过程

三、气动回路的调试

1. 气动回路的调试方法与步骤如下:

（1）打开气源，调节合适的气压（在 0.4～0.6MPa 范围）。
（2）按下按钮阀，观察气缸的动作是否伸出。
（3）松开按钮阀，观察气缸的动作是否缩回。
（4）完成实验后，关闭气源，拆下管线和元件并放回原位。
气动回路的调试过程如图 1-3-9 所示。

将或门型梭阀更换为与门型梭阀，重复以上步骤完成如图 1-3-7 所示“与”逻辑控制气动回路的搭建和调试工作任务。气动回路的搭建与调试过程如图 1-3-10 所示。

2. 实验分析

根据实验现象，请你归纳总结，并将实验结论填写于气缸动作情况记录表 1-3-1 中。

表 1-3-1　单作用气缸动作情况记录表

序号	逻辑	按钮阀 1S1 动作（左）	按钮阀 1S2 动作（右）	气缸动作情况
1	“或”逻辑	松开/0	松开/0	活塞杆缩回/0
2		松开/0	按下/1	活塞杆伸出/1
3		按下/1	松开/0	活塞杆伸出/1
4		按下/1	按下/1	活塞杆伸出/1
5	“与”逻辑	松开/0	松开/0	活塞杆缩回/0
6		松开/0	按下/1	活塞杆缩回/0
7		按下/1	松开/0	活塞杆缩回/0
8		按下/1	按下/1	活塞杆伸出/1

（a）打开气源

（b）调节气压的大小

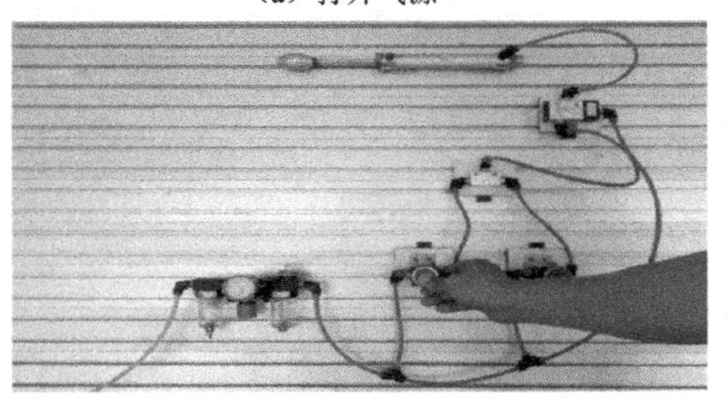

（c）按下左按钮气缸伸出

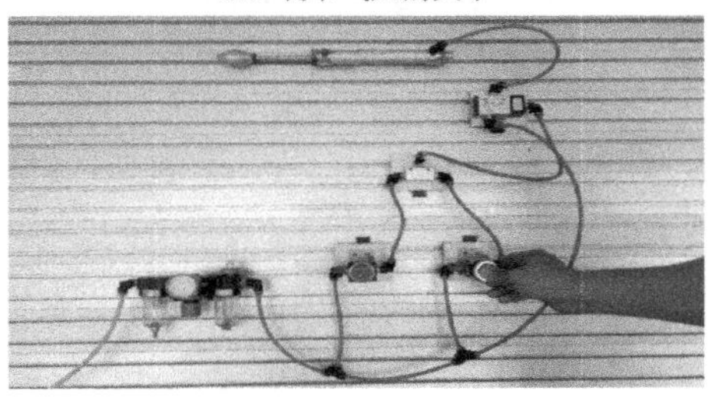

（d）按下右按钮气缸伸出

图 1-3-9　“或”逻辑控制气动回路的调试过程

（a）更换元件

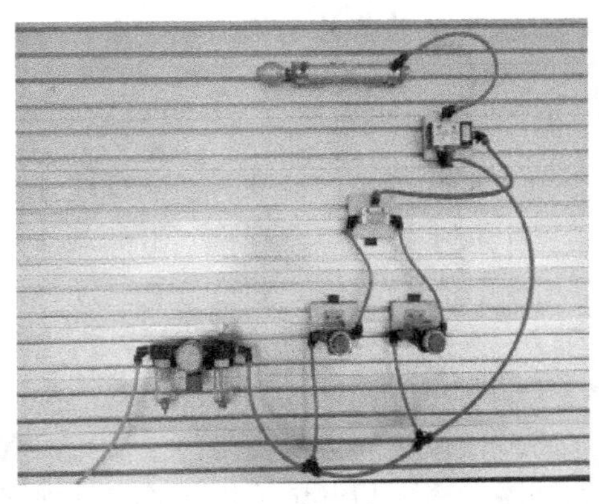

（b）连接气路

（a）打开气源

（b）调节气压的大小

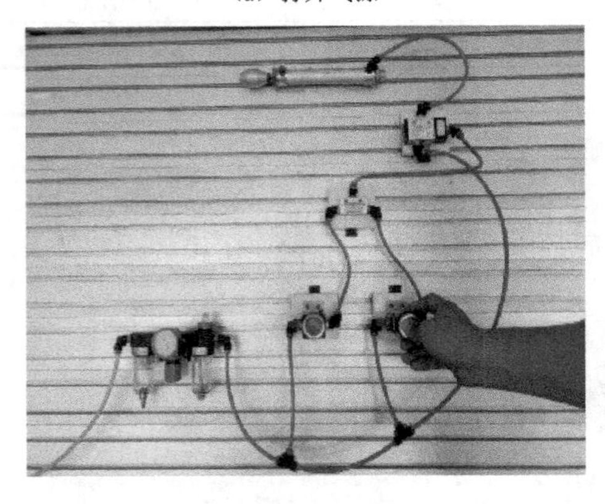

（c）按下单个按钮

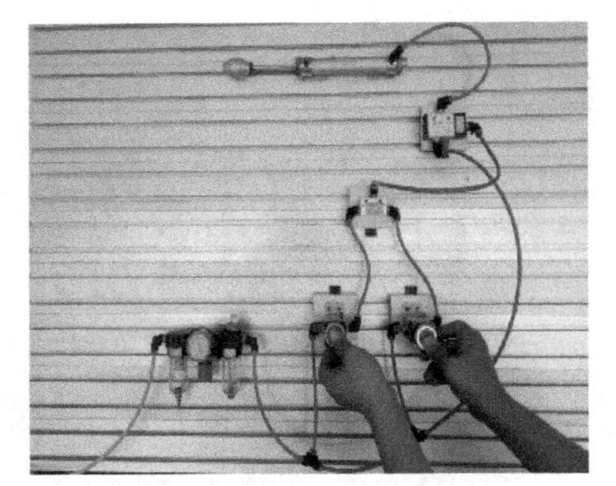

（d）同时按下两个按钮气缸伸出

图 1-3-10　“与”逻辑控制气动回路的搭建与调试过程

四、工作任务评价表

请你填写单作用气缸的间接控制回路的搭建工作任务评价表 1-3-2。

表 1-3-2 单作用气缸的间接控制回路的搭建工作任务评价表

序号	评价内容	配分	评价细则	学生评价	老师评价
1	工具与器材准备	10	（1）工具少选或错选，扣 2 分/个； （2）器件少选或错选，扣 2 分/个		
2	气压回路搭建	40	（1）气压回路原理图未绘制，扣 10 分； （2）气压回路原理图绘制不正确，扣 5 分/处； （3）元件检查误检或漏检，扣 2 分/个； （4）元件安装位置不合理，扣 2 分/只； （5）元件安装不牢固，扣 2 分/只； （6）气管长度不合理，没有绑扎或绑扎不到位，扣 2 分/条； （7）气管连接不牢固，扣 2 分/条		
3	气动回路调试	40	（1）气压值不在规定范围内，扣 5 分/次； （2）打开气源后，发现有漏气现象，扣 5 分/次； （3）按下按钮，气缸动作不正确，扣 10 分/次； （4）松开按钮，气缸动作不正确，扣 10 分/次； （5）气缸动作情况记录表未填写，或填写不正确、不完整，扣 5 分/个		
4	职业与安全意识	10	（1）未经允许擅自操作，或违反操作规程，扣 5 分/次； （2）工具与器材等摆放不整齐，扣 3 分； （3）损坏工具，或浪费材料，扣 5 分； （4）完成任务后，未及时清理工位，扣 5 分； （5）严重违反安全操作规程，取消考核资格		
合计		100			

思考与练习

一、填空题

1．或门型梭阀属于气动________元件，它由________、________、阀座、________个输入口和________个输出口组成。在气动回路中用于实现________逻辑功能，即两个输入信号中有________个满足时就能产生输出。

2．与门型梭阀又称________阀，它属于气动________元件，它由________、________、阀座、________个输入口和________个输出口组成。在气动回路中用于实现________逻辑功能，即当两个输入信号________满足时才能产生输出。

二、简答题

1．在调试气动回路时，发现单作用气缸伸出的速度过快，如何调节？

2．简述图 1-3-6 和图 1-3-7 所示气动回路的工作原理。

三、实操题

双压阀应用回路如图 1-3-11 所示，请你完成气压回路的搭建与调试任务。回答：

（1）气压回路原理图中的元件名称分别是什么？

（2）分析气压回路的工作原理，该回路能实现什么逻辑功能？

（3）将元件 1S1、1S2 更换为机械控制阀，1V1 更换为单气控二位四通换向阀，画出气压回路原理图。

（4）将元件 1V2 更换为或门型梭阀，回路实现什么逻辑功能？

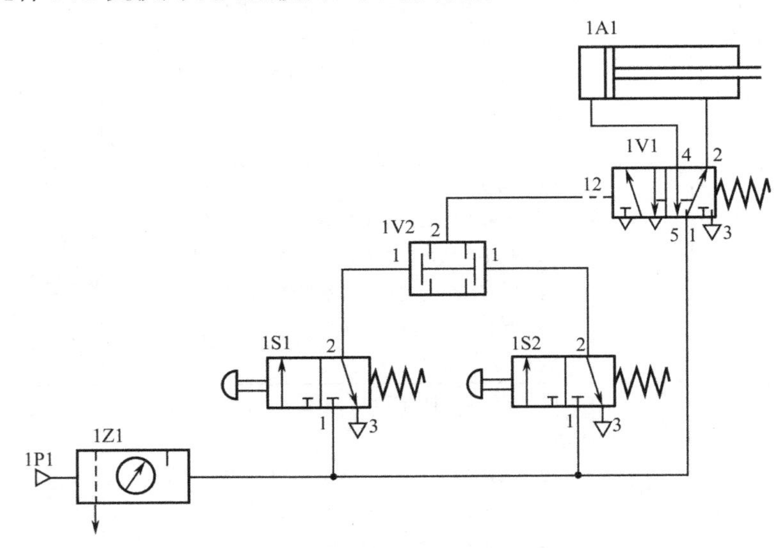

图 1-3-11　双压阀应用回路

任务 1-4

双作用气缸的延时控制回路的搭建

工作任务

控制要求：双作用气缸初始位置为活塞杆缩回并压着滚轮阀 1S1 的滚轮。按下按钮阀 1S3 按钮，双作用气缸活塞杆缓慢伸出，1S1 复位。当活塞杆伸出到位并压住滚轮阀 1S2 的滚轮时，停留 10s，活塞杆缓慢缩回，直至活塞杆再次压住 1S1 为止。双作用气缸的延时控制回路原理图如图 1-4-1 所示。请你完成以下工作任务：

（1）根据气缸的动作要求及气动回路原理图，正确选择气压传动元件，并检查各元件的质量。

（2）将气压传动元件固定在实训装置上，按原理图连接好气管。

（3）调试气动回路，并达到控制要求。

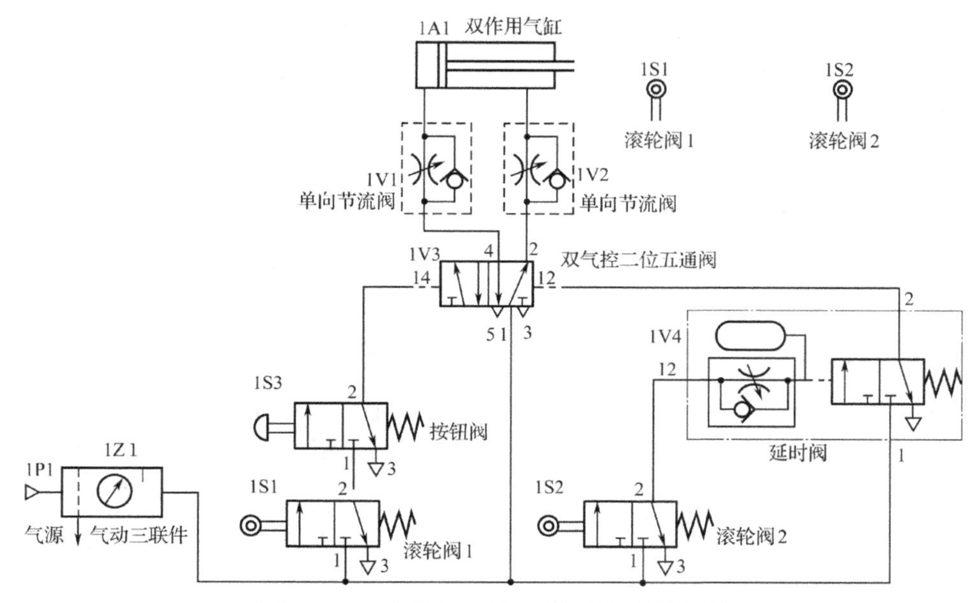

图 1-4-1 双作用气缸的延时控制回路原理图

相关知识

一、流量控制阀

流量控制阀是通过改变阀的通流面积来实现流量控制的一种气动控制元件。流量控制阀一般分为节流阀、单向节流阀和排气节流阀等。

1. 节流阀

如图 1-4-2 所示为圆柱斜切型节流阀的结构图及图形符号。当压缩空气由输入口 P 进入，经过节流后，由输出口 A 流出。旋转阀芯的螺丝杆就可以改变节流口的开度，即调节了压缩空气的流量。

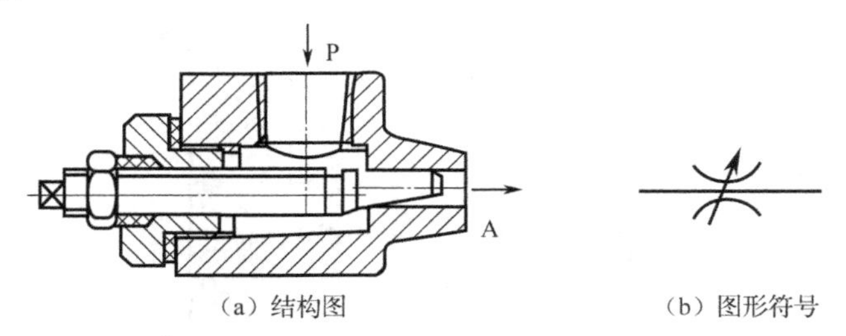

（a）结构图　　（b）图形符号

图 1-4-2 圆柱斜切型节流阀

2. 单向节流阀

单向节流阀是由单向阀和节流阀并联而成的组合式流量控制阀，单向节流阀结构示意图及图形符号如图 1-4-3 所示。当气流沿着一个方向 P→A 流动时，经过节流阀节流；反方向 A→P 流动时，单向阀打开，不节流。单向节流阀常用于气缸的调速或延时回路中。

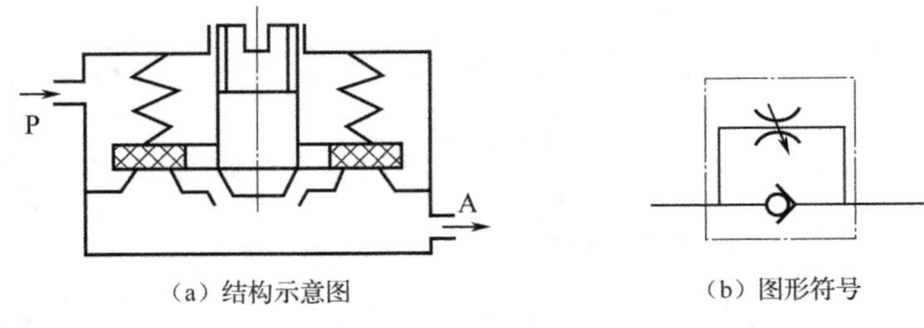

（a）结构示意图　　（b）图形符号

图 1-4-3　单向节流阀

3. 排气节流阀

排气节流阀是安装在执行元件排气口处，用来调节排入大气中气体流量大小的一种流量控制阀。它不仅可以调节执行元件的运动速度，还可以起到降低排气噪声的作用。

如图 1-4-4 所示为排气节流阀结构图及图形符号。其工作原理和节流阀相类似，也是靠调节节流口的通流面积来调节排气流量的。

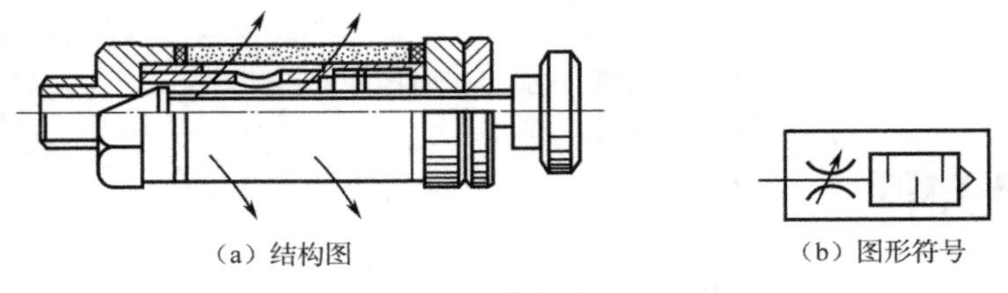

（a）结构图　　（b）图形符号

图 1-4-4　排气节流阀

二、机械控制换向阀

机械控制换向阀也称为行程阀，为方向控制阀。一般常用于行程控制系统中将作为信号阀来使用，依靠凸轮、撞块或其他机械外力来推动其阀芯使换向阀实现换向。

如图 1-4-5 所示为杠杆滚轮式机械换向阀的结构示意图及图形符号。当凸轮或撞块直接与滚轮接触后，通过杠杆使阀芯移动达到换向阀换向目的。

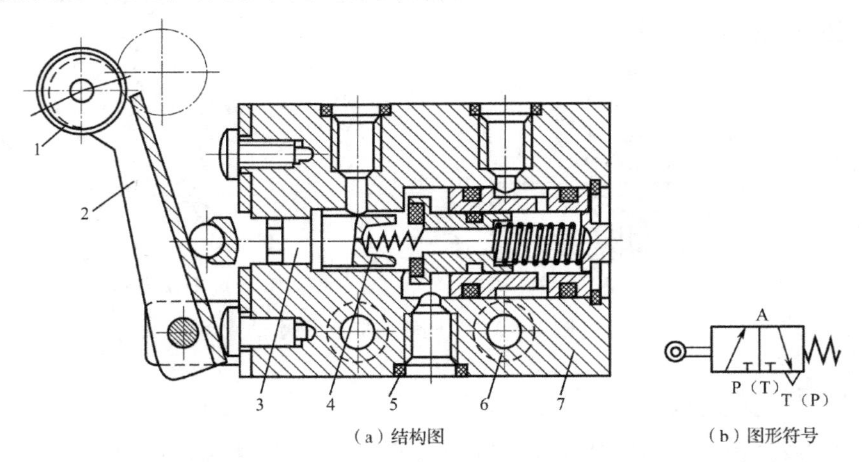

（a）结构图　　（b）图形符号

1—滚轮；2—杠杆；3—顶杆；4—缓冲弹簧；5—阀芯；6—密封弹簧；7—阀体

图 1-4-5　杠杆滚轮式机械换向阀

三、延时阀

延时阀是一个组合阀，由二位三通换向阀、单向可调节流阀及气室组成。其作用相当于时间继电器，延缓某信号的输出，使控制机构的动作滞后发生。二位三通换向阀可以是常断型，或者是常通型。通过增大气室，可以使延时时间加长，延时时间的调节范围一般为 0～30s。二位三通常断延时接通型换向阀如图 1-4-6 所示。

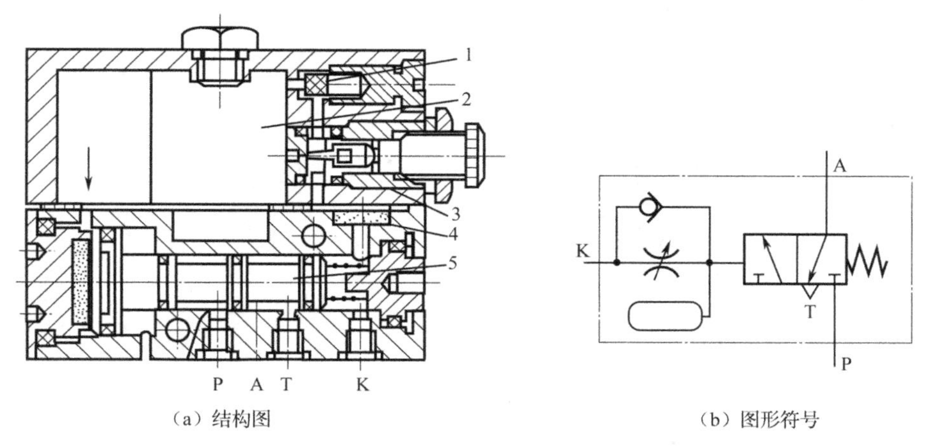

（a）结构图　　（b）图形符号

1—单向阀；2—气室；3—节流阀；4—过滤塞；5—阀芯

图 1-4-6　二位三通常断延时接通型换向阀

当有气控信号 K 时，控制气流经过滤塞、节流阀节流后到气室内。由于节流后的气流量较小，气室中气体的压力增长缓慢，经过一定时间后，气室中气体压力达到一定值时，阀芯压缩弹簧使阀芯向右移动，换向阀换向，使 P 与 A 相通，压缩空气从 P 口进入 A 口输出；气控信号消失后，气室中的气体通过单向阀至 K 口快速卸压，阀芯在复位弹簧的作用下左移，换向阀复位，使 A 口与 T 口相通。

阅读材料

压力控制阀概述

在气压传动系统中，用于控制压缩空气压力的元件，称为压力控制阀。其工作原理是利用作用于阀芯上的压缩空气的压力与弹簧力相平衡进行工作的。压力控制阀按其控制功能可分为减压阀、溢流阀、顺序阀等。

一、减压阀

减压阀也称调压调，其作用是将输入的较高空气压力调整到符合气动设备使用要求的压力，并保持输出压力稳定。

减压阀按其压力调节方式不同分为直动式和先导式两种。图 1-4-7 所示为直动式减压阀结构图及图形符号。当阀处于工作状态时，顺时针旋转调压旋钮，调压弹簧被压缩，推动膜片和阀杆下移，进气阀芯打开，有压气流从左端输入，经阀口节流减压后从右端输出。输出气流的一部分由阻尼管进入膜片室，在膜片的下方产生一个向上的推力，这个推力总是企图把阀口开度关小，使其输出压力下降。当作用于膜片上的推力与弹簧力相平衡后，减压阀的输出压力便保持稳定。QTY 型直动式减压阀的调压范围为 0.05 ~ 0.63MPa。

安装减压阀时，要按气流的方向和减压阀上所示的箭头方向进行安装。调压应由低向高调，直至达到规定的调压值为止。阀不用时应把手柄放松，以免膜片经常受压变形。

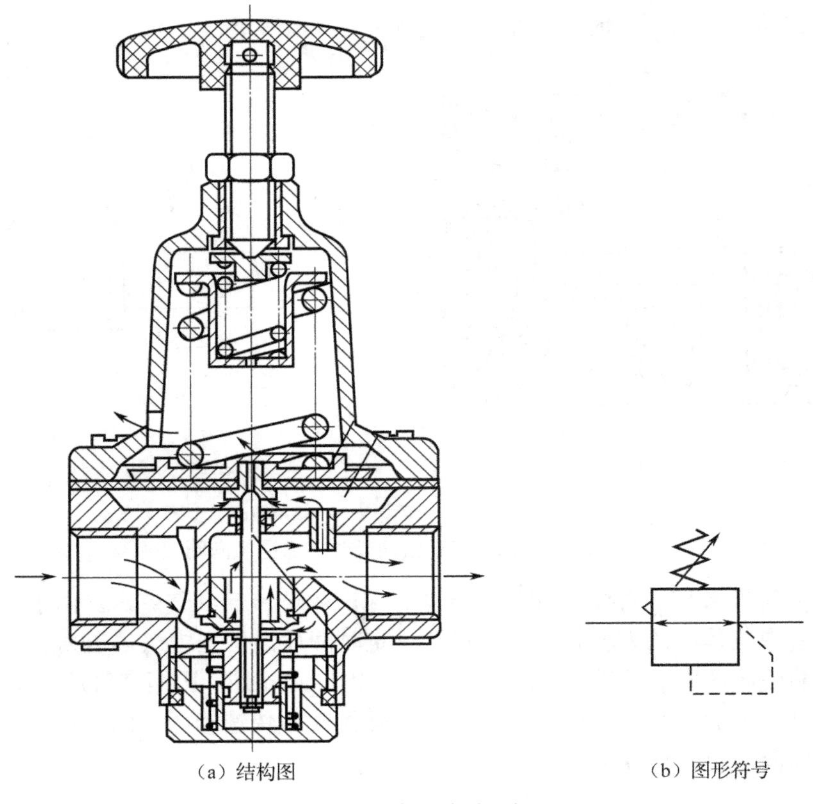

（a）结构图　　（b）图形符号

图 1-4-7　直动式减压阀

二、溢流阀与安全阀

1. 溢流阀

当回路中气压上升到所规定的调定压力以上时，气流需经溢流阀排出，以保持输入压力不超过设定值。溢流阀按不同的控制形式进行分类，可分为直动式溢流阀和先导式溢流阀两种。

直动式溢流阀的结构图及图形符号如图 1-4-8 所示。当气体作用在阀芯上的作用力小于弹簧作用力时，阀处于关闭状态；当气体压力升高，作用在阀芯上的作用力大于弹簧作用力时，阀芯向上移动开启阀门排气（溢流），使气压不再升高；当气体压力降至低于调定值时，阀又重新关闭。阀门的开启压力大小取决于调压弹簧的预压缩量。

2. 安全阀

安全阀是溢流阀众多作用中的一种，在气动回路起过载保护作用。除了溢流阀常开，安全阀常闭外，从结构上讲，安全阀一般都采用直动式溢流阀，以确保安全可靠。

安全阀与溢流阀在结构和功能方向往往类似，有时可不加以区别。它们的作用都是当气动系统中的压力上升至调定值时，把超过调定值的压缩空气排入大气，以保持进口压力的调定值。

溢流阀可以作为安全阀使用。

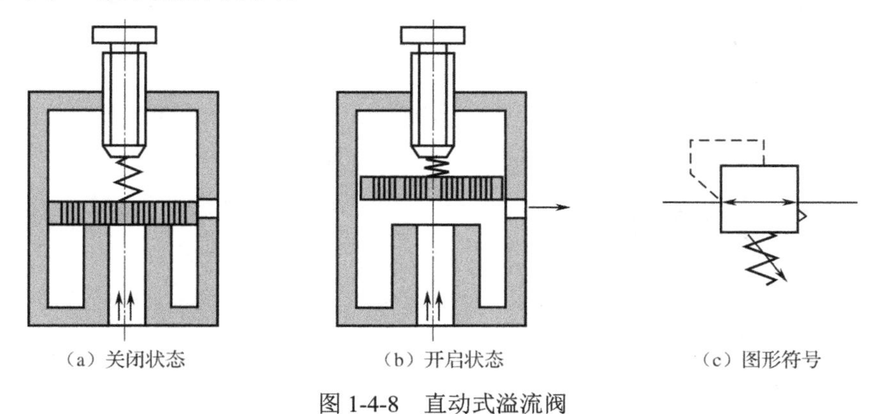

（a）关闭状态　（b）开启状态　（c）图形符号

图 1-4-8　直动式溢流阀

三、顺序阀

顺序阀属于压力控制阀，其结构示意图及图形符号如图 1-4-9 所示。它的作用是依靠气路中压力的作用来控制执行元件按顺序动作。当输入压力达到顺序阀的调整压力时，将阀芯顶起，压缩空气从 P 到 A，从 A 口输出；反之，当 P 口压力低于调定压力时，阀再次关闭，A 口无输出。调节弹簧的压缩量即可控制其顺序阀的开启压力。

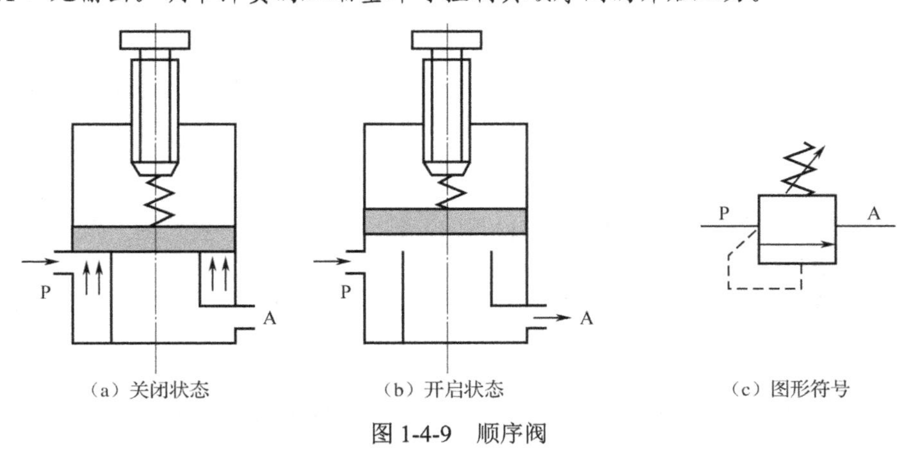

（a）关闭状态　（b）开启状态　（c）图形符号

图 1-4-9　顺序阀

顺序阀一般很少单独使用，往往与单向阀组合构成单向顺序阀，如图 1-4-10 所示。压缩空气从 P 口进入，单向阀关闭，当气压上升到超过弹簧作用力后将活塞顶起，压缩空气从 A 口输出，如图 1-4-10（a）所示；压缩空气反方向流动时，即气流从 A 口进入，单向阀被打开，气压从 O 口排出，如图 1-4-10（b）所示。同样调节旋钮就可改变单向顺序阀的开启压力，以便在不同的开启压力下，控制执行元件的顺序动作。

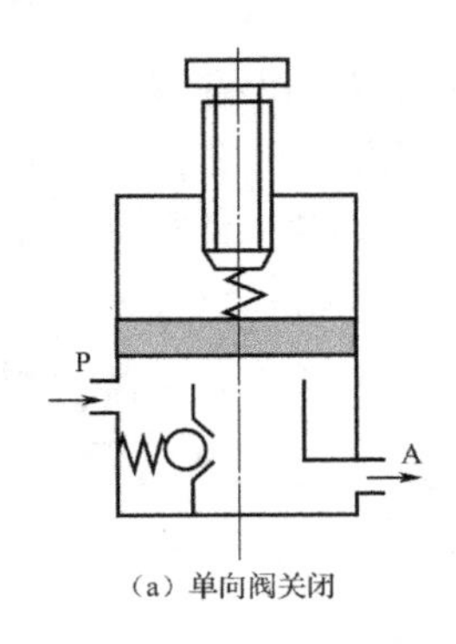

（a）单向阀关闭

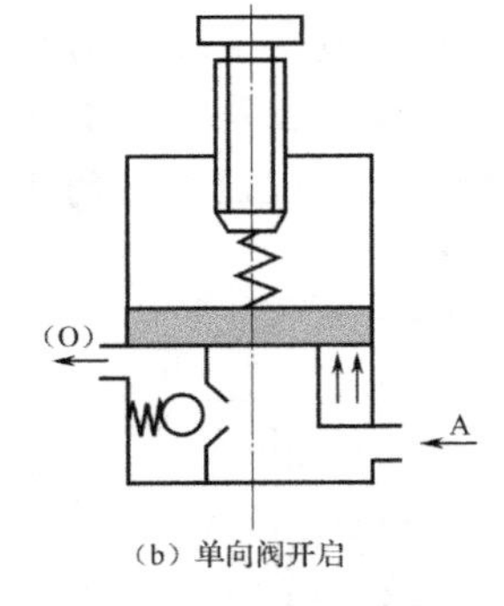

（b）单向阀开启

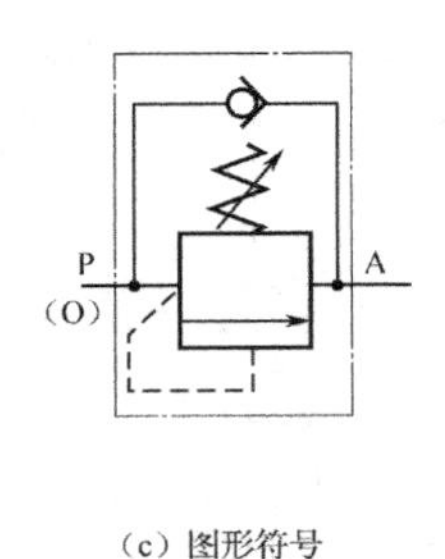

（c）图形符号

图 1-4-10　单向顺序阀

完成工作任务指导

一、工具与器材准备

1. 工具

活动扳手、内六角扳手、十字螺钉旋具、剪刀。

2. 器材

实训台、双作用气缸、手动二位三通换向阀（常断型）、滚轮式换向阀、双气控二位五通换向阀、单向节流阀、延时阀、空压机（气源）、气动三联件、管接头、塑料管。

二、气动回路的搭建

1. 任务分析

本次工作任务的要求主要是双作用气缸伸出至末端做一定时间的停留，也就是要实现延时控制。因此，时间控制回路可使用延时阀来实现。

2. 工作原理分析

打开气源，气源送到 1S1、1S2、1V3 和 1V4 的输入口 1 而被关闭，双作用气缸 1A1 的活塞杆处于缩回状态，并压着 1S1（初始状态）。

当按下 1S3 按钮时，1V3 控制口 14 有信号，使 1V3 换向（左位工作），气压从 1V3 输入口 1 进，输出口 4 出，经单向节流阀 1V1 进入双作用气缸无杆腔内，活塞杆开始伸出。（有杆腔气压经 1V2 从 1V3 口 2 入、口 3 出，进行排空。）

活塞杆伸出到位，1S2 被压下，气压通过 1S2 到 1V4 的控制口 12，给气室充气，系统开始延时。延时一段时间后，气室达到一定的气压，使得 1V4 中的换向阀换向（左位工作），气压从 1V4 的口 1 入口 2 出，这样 1V3 的控制口 12 便有信号，1V3 再次换向（右位工作），气压由 IV3 的口 1 进口 2 出，经单向节流阀 I1V2 流入无杆腔，活塞杆缓慢缩回。同时，1A1 无杆腔气压经 1V1 从 1V3 的口 4 至口 5 进行排气。

当活塞杆缩回到位并压着 1S1 时，双作用气缸停止工作。

3. 气动回路的搭建

（1）根据如图 1-4-1 所示的双作用气缸的延时控制回路原理图，正确选择气动元件、气动辅助元件及其他材料。

（2）检查气动元件等的质量，如气缸和手动换向阀活动是否灵活，气路是否畅通；检查塑料线管有无破损或老化问题。

（3）按原理图进行气动回路的搭建，实验步骤如下：

① 先安装气缸底座、固定双作用气缸。

② 依次固定单向节流阀、双气控二位五通换向阀、延时阀、手动换向阀、滚轮式换向阀、气动三联件。

③ 连接塑料气管，完成气动回路的连接。

三、气动回路的调试

1．气动回路的调试方法与步骤如下：

（1）打开气源，调节合适的气压（在 0.4～0.6MPa 范围）。

（2）按下 1S3 按钮，观察双作用气缸的动作是否伸出。

（3）活塞杆压着 1S2，观察气缸的动作是否延时后再缩回。

（4）完成实验后，关闭气源，拆下管线和元件并放回原位。

气动回路的搭建与调试过程如图 1-4-11 所示。

2．实验分析

根据实验现象，请你归纳总结，并将实验结论填写于双作用气缸动作情况记录表 1-4-1 中。

根据实验现象，请你将各元件的工作状态填写在表 1-4-1 中。

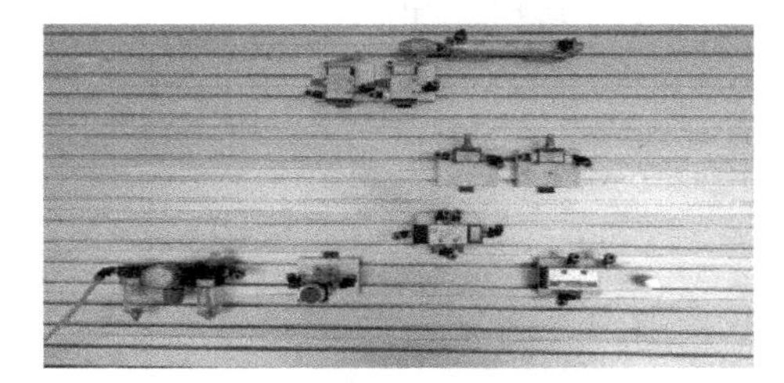

（a）固定元件

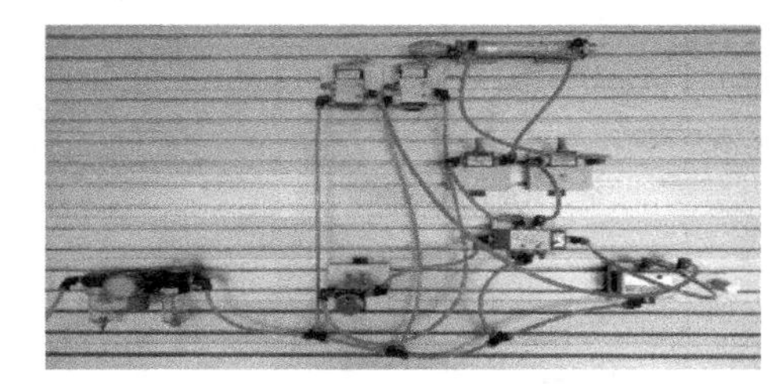

（b）连接气路

（c）打开气源并调节气压

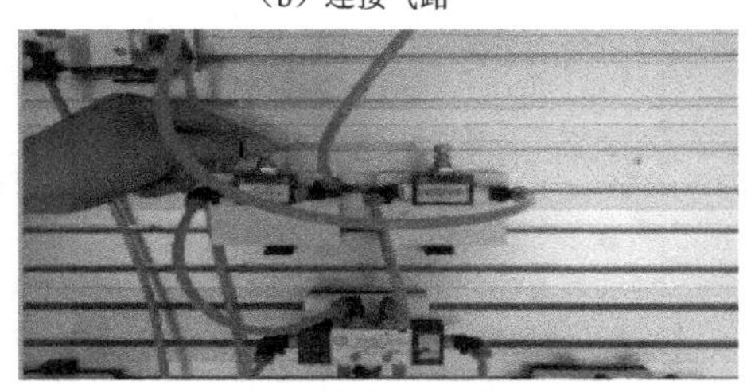

（d）调节单向节流阀

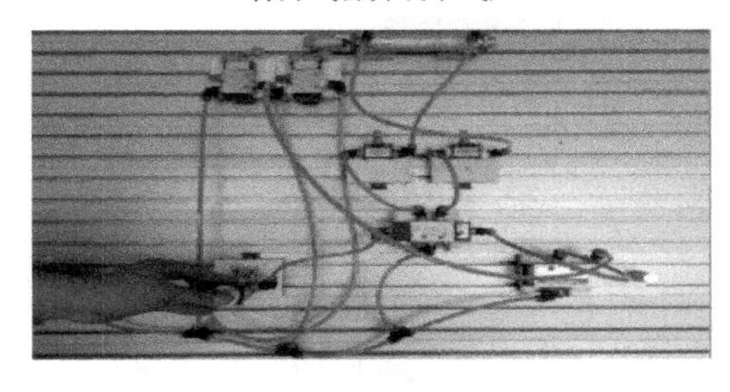

（e）按下启动按钮阀

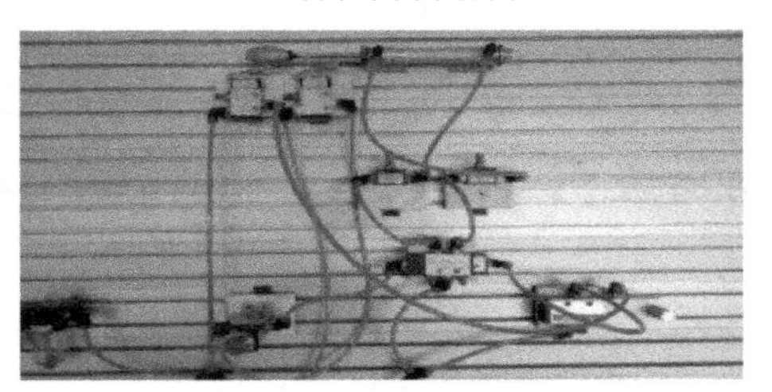

（f）停留在 1S2 一段时间

图 1-4-11　双作用气缸的延时控制回路的搭建与调试过程

表 1-4-1　各元件的工作状态

序号	1S3	1S1	1S2	1V3	1V4	1A1
1	未按压					气缸缩回（初始位置）
2	按压					气缸伸出中
3	松开					停留一段时间（压住 1S2）
4						气缸缩回中
5						回到初始位置停止（压住 1S1）

四、工作任务评价表

请你填写双作用气缸的延时控制回路的搭建工作任务评价表1-4-2。

表 1-4-2　双作用气缸的延时控制回路的搭建工作任务评价表

序号	评价内容	配分	评价细则	学生评价	老师评价
1	工具与器材准备	10	（1）工具少选或错选，扣 2 分/个； （2）器件少选或错选，扣 2 分/个		
2	气压回路搭建	40	（1）气压回路原理图未绘制，扣 10 分； （2）气压回路原理图绘制不正确，扣 5 分/处； （3）元件检查误检或漏检，扣 2 分/个； （4）元件安装位置不合理，扣 2 分/只； （5）元件安装不牢固，扣 2 分/只； （6）气管长度不合理，没有绑扎或绑扎不到位，扣 2 分/条； （7）气管连接不牢固，扣 2 分/条		
3	气动回路调试	40	（1）气压值、延时时间等参数设定值不合理，扣 5 分/次； （2）打开气源后，发现有漏气现象，扣 5 分/次； （3）按下按钮，气缸不动作，扣 10 分/次； （4）按下按钮，气缸动作顺序不符合要求，扣 10 分/次； （5）各元件的工作状态记录表未填写，或填写不正确、不完整，扣 5 分/个		
4	职业与安全意识	10	（1）未经允许擅自操作，或违反操作规程，扣 5 分/次； （2）工具与器材等摆放不整齐，扣 3 分； （3）损坏工具，或浪费材料，扣 5 分； （4）完成任务后，未及时清理工位，扣 5 分； （5）严重违反安全操作规程，取消考核资格		
合计		100			

思考与练习

一、填空题

1．流量控制阀是通过改变阀的__________来实现__________控制的一种元件，流量控制阀包括__________阀、__________阀和排气节流阀等。

2．机械控制换向阀属于__________（方向、压力、流量）控制阀，也称为行程阀，它依靠凸轮、撞块或其他机械外力来推动________移动使其换向，一般常用于行程控制系统作为________阀使用。

3．延时阀是由________、________和气室组成，其作用相当于一个________继电器。

4．压力控制阀是一种用于控制压缩空气________的气动元件。按照控制功能的不同，压力控制阀可分为________阀、________阀和________阀等。

二、简答题

1．简述单向节流阀的工作原理。

2．简述气动延时阀的工作原理，并说明如何调节延时时间？

3．气动减压阀的作用是什么？按其压力调节方式可分哪两种？

三、实操题

顺序阀应用回路如图 1-4-12 所示，请你完成气压回路的搭建与调试任务。回答：

（1）气压回路原理图中的元件名称分别是什么？

（2）分析气压回路的工作原理。

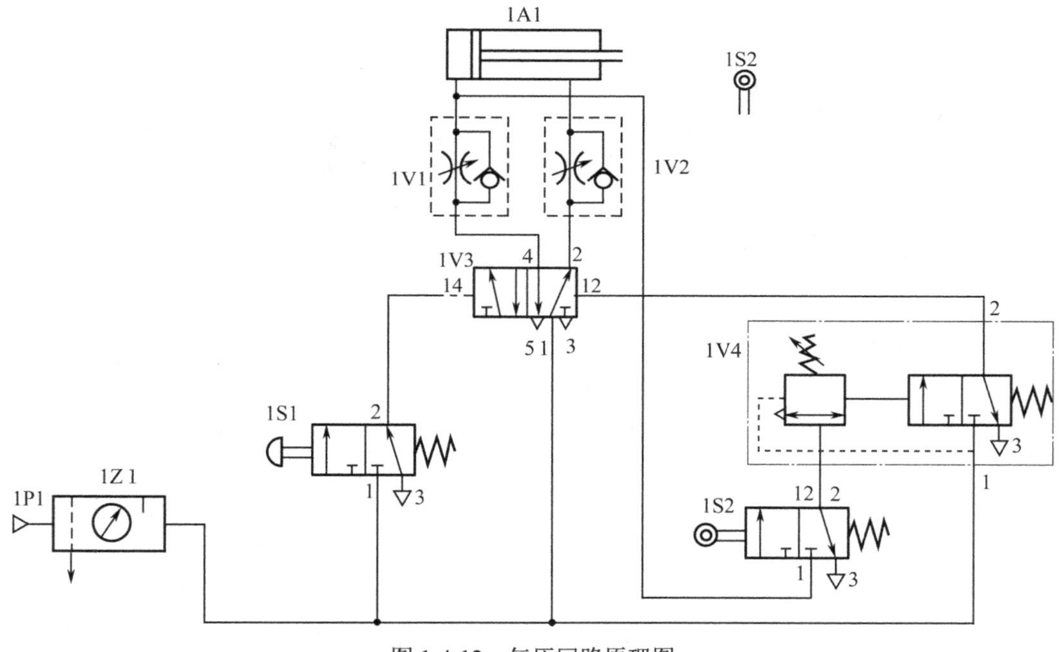

图 1-4-12 气压回路原理图

项目二

气压传动电-气联合控制回路的搭建

气压传动技术是实现工业生产机械化、自动化的方式之一，由于气压传动本身具有的独特优点，所以应用日益广泛。

本项目通过完成延时返回单往复控制回路的搭建、连续往复继电器控制回路的搭建、双气缸连续往复 PLC 控制回路的搭建等工作任务，进一步了解气压传动系统中各个元器件的作用与性能，初步掌握气动系统组成的工作原理以及系统分析的基本方法；熟悉 PLC 编程软件的使用，掌握 PLC 程序的编写方法和技巧，加深对继电器、可编程控制器等控制技术的认知。

任务 2-1

延时返回的单往复控制回路的搭建

工作任务

控制要求：按下按钮 SB1，双作用气缸伸出，活塞杆碰压到行程开关 SQ1。延时一段时间（时间继电器 KT 设定 5 秒）后，双作用气缸缩回，工作过程结束。延时返回单往复气动回路原理图如图 2-1-1 所示。请你完成以下工作任务：

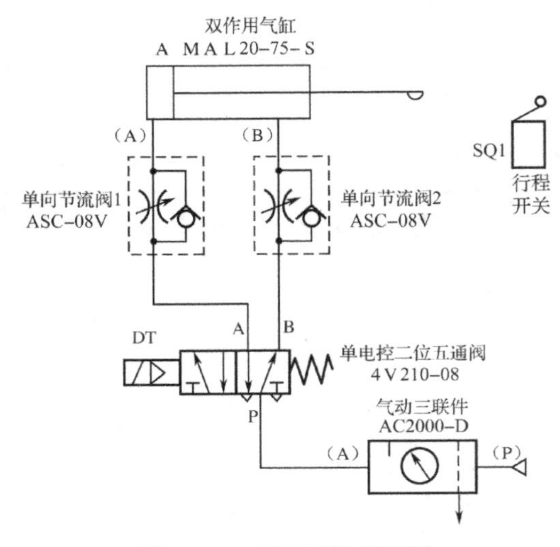

图 2-1-1　气动回路原理图

（1）根据气动回路原理图，正确选择气动元件，并检查各元件的质量。

（2）将气动元件合理布局并固定在实训装置上，按原理图完成气路连接。

（3）根据控制要求，设计并绘制电气控制原理图，再按原理图完成电路连接。

（4）调试控制回路，并达到控制要求。

相关知识

一、电磁控制换向阀

电磁控制换向阀是利用电磁力推动阀芯移动，使换向阀换向，以实现气路的换向或通断。电磁控制换向阀由电磁铁和主阀两部分组成，按控制方式的不同，可分为直动式和先导式两种。

1. 直动式电磁换向阀

直动式电磁换向阀是由电磁铁的衔铁直接推动阀芯移动实现换向阀的换向。它又有单电磁铁和双电磁铁两种之分，也称之为单电控和双电控。

（1）直动式单电控换向阀

如图 2-1-2 所示为直动式单电控换向阀的工作原理图及图形符号。当电磁线圈不通电时，阀在复位弹簧作用下处于左位置，其通路状态为 A 口与 T 口相通，阀处于排气状态，如图 2-1-2（a）所示；当电磁线圈通电时，电磁铁吸力将推动阀芯向右移动，使气路换向，其通路状态变为 P 口与 A 口相通，阀处于进气状态，如图 2-1-2（b）所示。

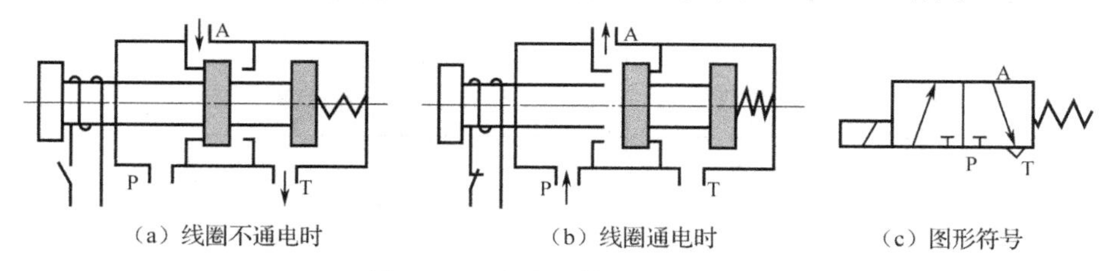

（a）线圈不通电时　（b）线圈通电时　（c）图形符号

图 2-1-2　直动式单电控换向阀

（2）直动式双电控换向阀

如图 2-1-3 所示为直动式双电控换向阀的工作原理图及图形符号。当仅左侧电磁线圈通电时，阀芯被推向右端，其通路状态是 P 与 A，B 与 T_2 相通，A 口进气、B 口排气，如图 2-1-3（a）所示。当左侧电磁线圈断电，阀芯仍处于电磁线圈断电前的工作状态。同理，当仅右侧电磁线圈通电时，阀芯被推向左端，其通路状态变为 P 与 B，A 与 T1 相通，B 口进气、A 口排气，如图 2-1-3（b）所示。

与直动式单电控换向阀不同的是，电磁线圈断电后阀的状态与电磁线圈断电前的状态相同，说明这类阀具有记忆功能。

为保证阀的正常工作，两个电磁铁不能同时通电，电路中要考虑互锁关系。

2. 先导式双电控换向阀

直动式电磁换向阀是由电磁铁的衔铁直接推动阀芯换向的，当阀通径较大时，用直动式结构所需的电磁铁体积和电力消耗都要加大，为克服此弱点可采用先导式结构。

先导式电磁换向阀由电磁先导阀和主阀两部分组成。其作用是用先导阀的电磁铁先控制气路，再由产生的先导压力去推动主阀阀芯，使其换向。先导式电磁换向阀便于实现电、气联合控制，所以其应用相当广泛。

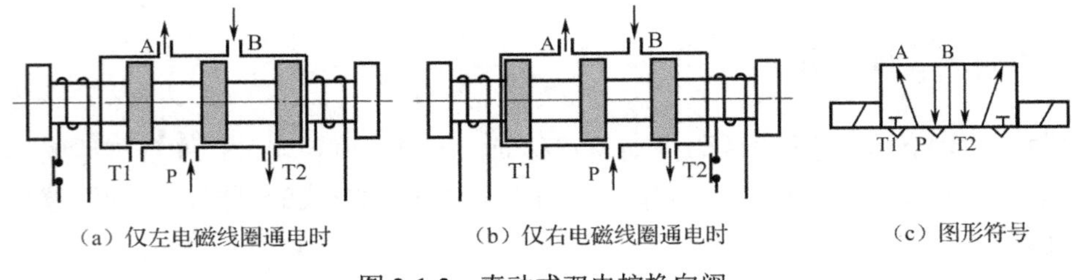

（a）仅左电磁线圈通电时　（b）仅右电磁线圈通电时　（c）图形符号

图 2-1-3　直动式双电控换向阀

二、电气符号

本课程可能涉及以下常见的电气符号。常见电气符号及其功能说明如表 2-1-1 所示。

表 2-1-1　电气符号及其功能

序号	元件名称	图形符号	元件功能说明
直流电源			
1	电源正极	+24 V	电源正极 24V 接线端
2	电源负极	0 V	电源正极 0V 接线端
3	接线端子		连接导线的位置
4	导线		用于连接两个接线端子
5	T 型接线端		导线的连接点
手动开关			
6	常闭型按钮		按下时触点断开，释放时触点闭合
7	常开型按钮		按下时触点闭合，释放时触点断开
8	常闭型按键		按下时触点断开并锁定，再按下时触点闭合
9	常开型按键		按下时触点闭合并锁定，再按下时触点断开

续表

序号	元件名称	图形符号	元件功能说明
行程开关			
10	常闭型行程开关		压着时触点断开，释放时触点闭合
11	常开型行程开关		压着时触点闭合，释放时触点断开
接近开关			
12	磁性开关		当该开关接近磁场时，触点闭合
中间继电器			
13	吸引线圈		当线圈通过电流时，继电器产生动作
14	常闭触点		线圈得电时，触点断开；线圈失电时，触点闭合
15	常开触点		线圈得电时，触点闭合；线圈失电时，触点断开
时间继电器			
16	通电延时型时间继电器线圈		线圈通过电流时，时间继电器计时
17	延时断开常闭触点		线圈得电时，该触点经过一段时间后断开；线圈失电时，立即闭合
18	延时闭合常开触点		线圈得电时，该触点经过一段时间后闭合；线圈失电时，立即断开
电磁线圈			
19	电磁线圈		电磁线圈可用于驱动电控阀动作

阅读材料

气压传动的差动回路

实际工作中，一个气缸的两个运动方向需要采用不同的压力进行供气，以产生不同的运动速度。这种利用压力差进行工作的回路就称为差动回路，如图 2-1-4 所示为由二位三通电磁控制阀和减压阀所组成的典型差动回路。

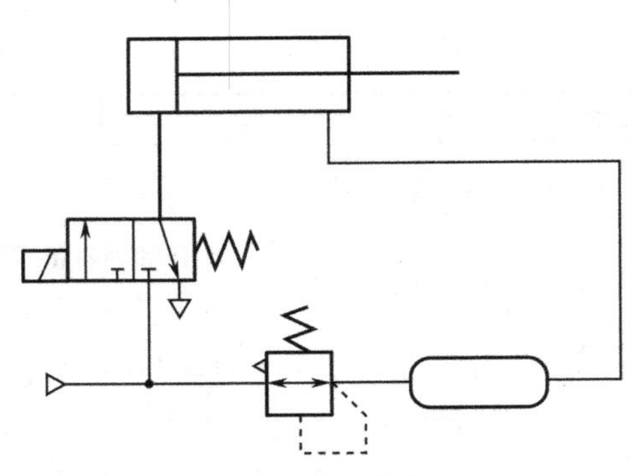

图 2-1-4　典型差动回路

当电磁控制阀电磁线圈得电时，高压空气流入双作用气缸无杆腔内，使活塞杆伸出；当电磁线圈失电时，一方面气缸无杆腔的高压空气经排气口排出；另一方面气源经减压阀和贮气罐形成较低的供气压力，活塞杆在较低的供气压力作用下缩回。

当双作用气缸仅在活塞的一个移动方向上有负载时，可采用该回路以减少空气的消耗量。

另外一种情形，在一些应用场合，气压传动系统也需要有高、低压力的选择。如图 2-1-5 所示为高低压转换回路，该回路由两个减压阀将气压为 p 的气源分别调出 p_1、p_2 两种不同的压力，再利用一个换向阀的换向来进行选择高压或低压进行供气。当二位三通换向阀控制信号 K 无信号时，气压 p_2 从阀口 3 进、阀口 2 出；当控制信号 K 有信号时，气压 p_1 从阀口 1 进、阀口 2 出，从而实现了高、低气压的转换过程。

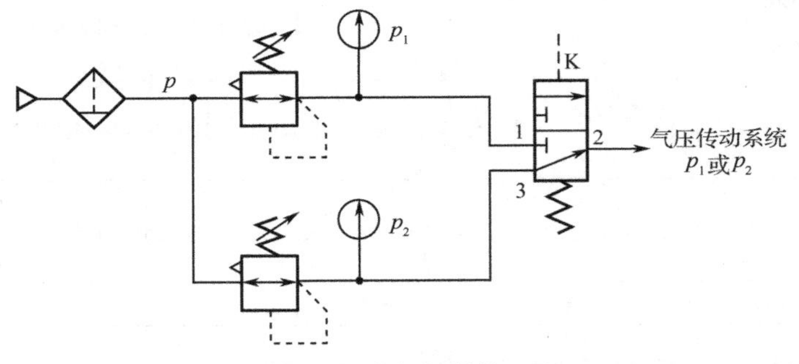

图 2-1-5　高低压转换回路

完成工作任务指导

一、工具与器材准备

1. 工具

活动扳手、内六角扳手、十字螺钉旋具、剪刀。

2. 器材

实训台、24V 电源模块、按钮开关（模块）、继电器（模块）、时间继电器（模块）、双作用气缸、单向节流阀、行程开关、单电控二位五通换向阀、空压机（气源）、气动三联件、管接头、塑料管。

二、控制回路的搭建

1. 任务分析

本次工作任务的要求是按下启动按钮 SB1，气缸伸出，说明二位五通阀电磁线圈 DT 得电，换向阀换向。当活塞杆伸出到位压着行程开关 SQ1 时，启动时间继电器 KT，延时后气缸缩回。因此，延时时间可由通电延时型时间继电器来实现。延时时间的长短由时间继电器设定。

气动原理图中有两个单向节流阀，其作用是用于调节气缸伸出与缩回的运动速度。

2. 画电气控制原理图

根据工作任务要求的控制，确定控制器件，并画出电气控制原理图。延时返回的单往复控制电气控制部分的工作原理图如图 2-1-6 所示。

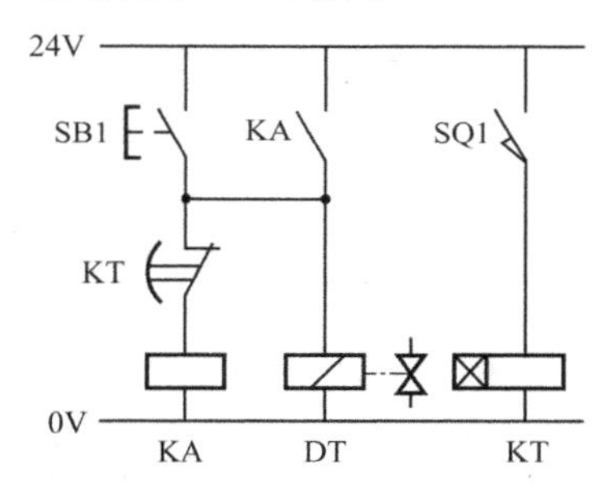

图 2-1-6　电气控制原理图

工作原理分析：打开气源及电源，按下按钮 SB1，二位五通阀电磁线圈 DT 得电，使二位五通阀处于左位，压缩空气进气口 P 口进气，A 口出气，经单向节流阀 1 进入气缸左腔使气缸活塞杆伸出。活塞杆碰到行程开关 SQ1（触点闭合）后，时间继电器 KT 线圈得电计时，设定的时间达到后继电器 KA 失电，使电磁线圈 DT 也失电，二位五通阀处于右位，压缩空气从进气口 P 口进、B 口出，经单向节流阀 2 进入气缸右腔使气缸活塞杆缩回。

3. 控制回路的搭建

（1）气动回路的搭建

① 根据如图 2-1-1 所示的气动回路原理图，正确选择气动元件、气动辅助元件等。

② 检查气动元件等的质量，如气缸、行程开关等动作是否灵活，气路是否畅通；检查塑料线管有无破损或老化问题。

③ 合理布局元件位置并牢固安装，按气动回路原理图进行气路连接。

（2）电气控制回路的搭建

① 根据如图 2-1-6 所示的电气控制原理图，正确选择元件（或模块）。

② 检查元件或模块质量。

③ 合理布局元件（或模块）位置，按电气控制原理图进行电路连接。

三、控制回路的调试

1. 控制回路的调试方法与步骤如下：

（1）打开气源，调节合适的气压（在 0.4～0.6MPa 范围）。
（2）打开电源，按下启动按钮 SB1，观察气缸的动作是否伸出。
（3）观察活塞杆伸出是否到位，是否经过一段时间后再缩回。
（4）完成实验后，关闭电源和气源，拆除气路和电路，整理实验台及环境卫生。
控制回路的搭建与调试过程如图 2-1-7 所示。

2. 实验分析

根据实验现象，请你归纳总结。将各元件动作情况记录表 2-1-2 中。

表 2-1-2　各元件动作情况记录表

序号	状态	KA	DT	KT	SQ1	换向阀	气缸
1	初始	失电	失电	失电	断开	右位	缩回
2	按下 SB1	得电	得电	失电	断开	左位	伸出
3	碰压 SQ1	得电	得电	得电	闭合	左位	伸出
4	延时到	断电	断电	断电	断开	右位	缩回

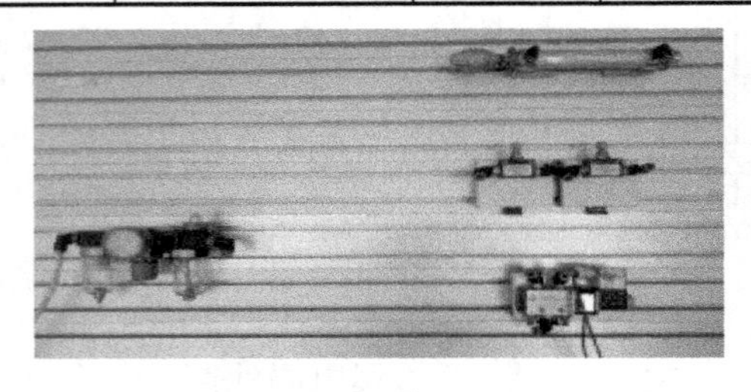

（a）安装元件

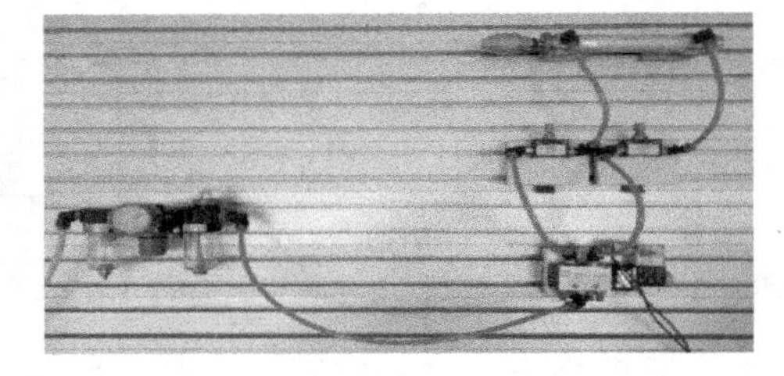

（b）连接气路

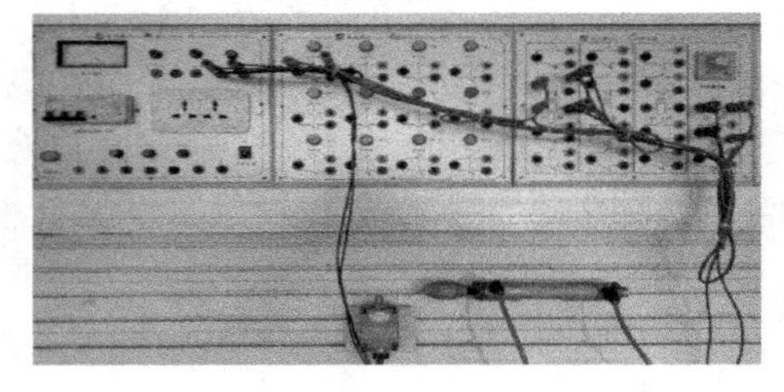

（c）连接电路

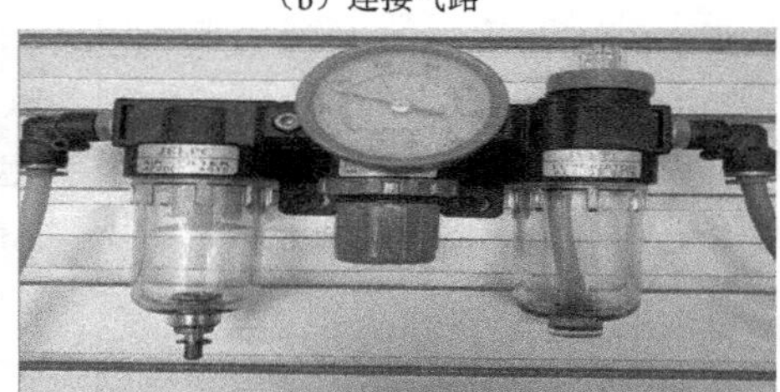

（d）打开气源并调节气压

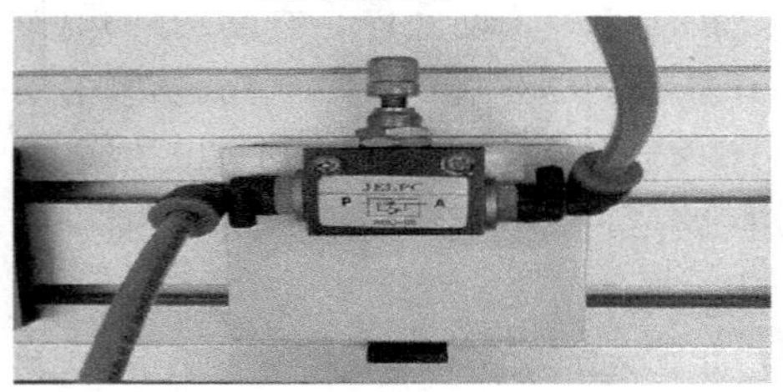

（e）调节节流阀

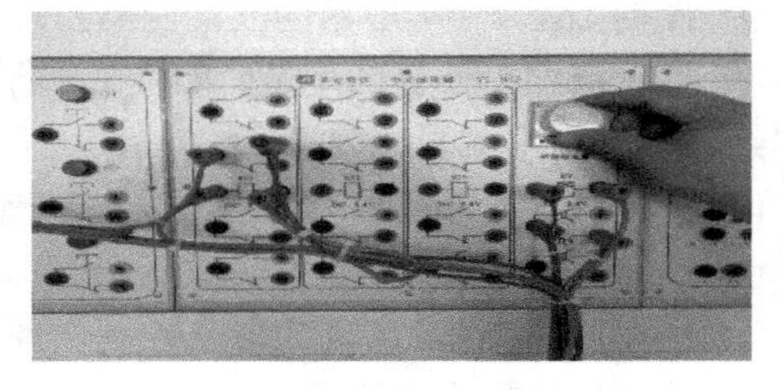

（f）调节延时时间

图 2-1-7　控制回路的搭建与调试过程

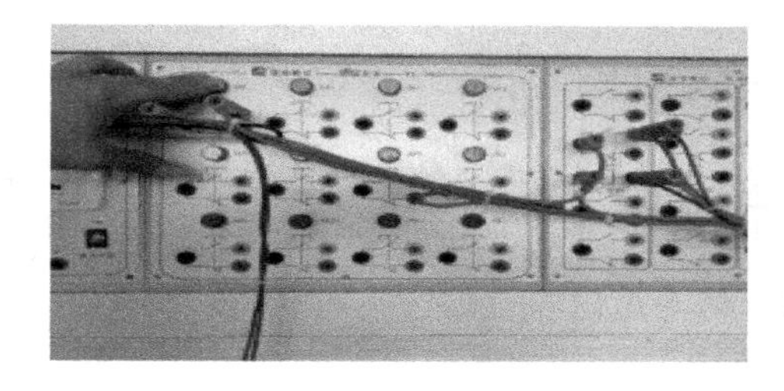

（g）按下启动按钮

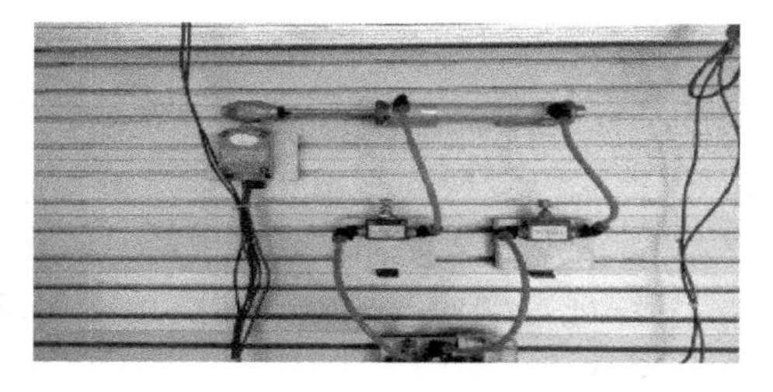

（h）压着 SQ1 一段时间

图 2-1-7　控制回路的搭建与调试过程（续）

四、工作任务评价表

请你填写延时返回单往复控制回路的搭建工作任务评价表 2-1-2。

表 2-1-2　延时返回单往复控制回路的搭建工作任务评价表

序号	评价内容	配分	评价细则	学生评价	老师评价
1	工具与器材准备	10	（1）工具少选或错选，扣 2 分/个； （2）器件少选或错选，扣 2 分/个		
2	气压回路搭建	40	（1）电气回路原理图未绘制，扣 10 分； （2）电气回路原理图绘制不正确，扣 5 分/处； （3）元件检查误检或漏检，扣 2 分/个； （4）元件安装位置不合理，扣 2 分/只； （5）元件安装不牢固，扣 2 分/只； （6）气管长度不合理，没有绑扎或绑扎不到位，扣 2 分/条； （7）电路、气路连接工艺不规范、不牢固，扣 2 分/条		
3	控制回路调试	40	（1）气压值、延时时间值等参数设置不合理，扣 5 分/个； （2）打开气源后，发现有漏气现象，扣 5 分/次； （3）按下按钮，气缸不伸出，扣 10 分/次； （4）活塞杆伸出到位后立即缩回，扣 10 分/次； （5）活塞杆伸出到位后延时后不能缩回，扣 5 分		
4	职业与安全意识	10	（1）未经允许擅自操作，或违反操作规程，扣 5 分/次； （2）工具与器材等摆放不整齐，扣 3 分； （3）损坏工具，或浪费材料，扣 5 分； （4）完成任务后，未及时清理工位，扣 5 分； （5）严重违反安全操作规程，取消考核资格		
合计		100			

思考与练习

一、填空题

1．电磁控制换向阀是利用________推动阀芯移动，使换向阀换向，以实现气路的________或________。电磁控制换向阀由________和________两部分组成，按控制方式的不同，可分为________式和________式两种。

2．直动式电磁换向阀是由电磁铁的衔铁________（直接、间接）推动阀芯移动实现换向阀的换向动作。它有________电磁铁和________电磁铁两种。

3．先导式电磁换向阀由________阀和________阀两部分组成。其作用是用先导阀的电磁铁________（先、后）控制气路，再由产生的________去推动主阀阀芯，使其换向。

4．为保证直动式双控电磁阀的正常工作，两个电磁铁________（允许、不允许）同时通电，同时在电路中要考虑________关系。

二、简答题

1．在双作用气缸的输入/输出口接入两只可调单向节流阀的目的是什么？如何调节？

2．在调试本次工作任务时，分别发现以下现象，请你分析现象的原因是什么？

（1）按下启动按钮 SB1，气缸无法伸出。

（2）气缸伸出后，无法返回。

3．在延时返回单往复控制回路中主控阀使用的是二位五通换向阀，能否改用二位三通阀？为什么？

三、实操题

如图 2-1-8 所示为减压阀带单向阀的气压回路，请你完成该气压回路的搭建与调试任务。并回答：

（1）气动回路中各元件的名称是什么？

（2）双作用气缸伸出和缩回有什么不同？为什么？

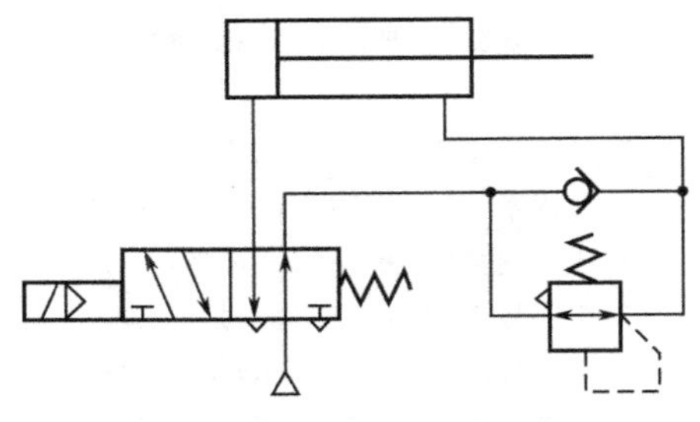

图 2-1-8　采用减压阀带单向阀的气压回路

任务 2-2 连续往复继电器控制回路的搭建

工作任务

控制要求：双作用气缸缩回状态压着行程开关 SQ1 时，按下启动按钮 SB1，气缸活塞杆伸出，伸出到位并碰压行程开关 SQ2 后，立即缩回，如此往复。按下停止按钮 SB2 时，气缸活塞停止动作。连续往复继电器控制气动回路原理图如图 2-2-1 所示。

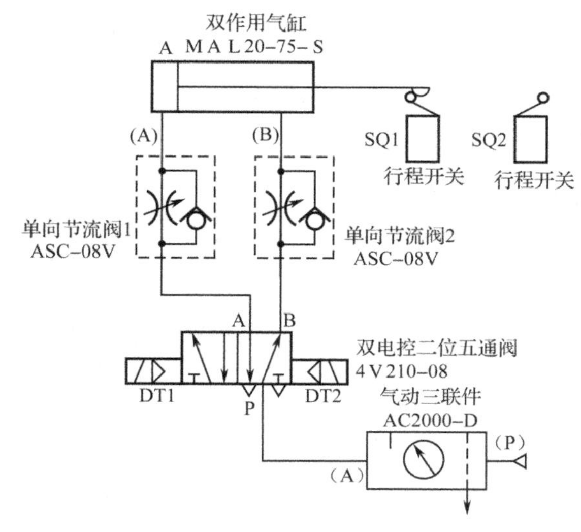

图 2-2-1　气动回路原理图

请你完成以下工作任务：

（1）根据气动回路原理图，正确选择气动元件，并检查各元件的质量。

（2）将气动元件合理布局并固定在实训装置上，按原理图完成气路连接。

（3）根据控制要求，设计并绘制电气控制原理图，再按原理图完成电路连接。

（4）调试控制回路，并达到控制要求。

相关知识

一、速度控制回路

控制气缸速度包含调速控制和稳速控制这两个部分。调速的一般方法是改变气缸进气、排气管道的阻力。因此，利用调速阀等流量控制阀来改变进气、排气管道的有效面积，即可实现调速控制。稳速控制通常采用气-液转换的方法，利用液体本身的特性来稳定速度。

1. 调速控制回路

为了控制气缸的运动速度，气动回路就要进行流量的控制。在气缸的进气侧进行流量的控制，称为进气节流；而在排气侧进行流量的控制，称为排气节流。

如图 2-2-2（a）所示为双作用气缸的进气节流调速回路。在进气节流时，气缸排气腔压力很快降至大气压，而进气腔压力的升高比排气腔压力的降低来得缓慢。当进气腔压力产生的合力大于活塞静摩擦力时，活塞开始运动。由于动摩擦力小于静摩擦力，所以活塞运动速度较快，由此进气腔急剧增大，而由于进气节流限制了供气速度，使得进气腔压力降低，从而容易造成气缸的“爬行”现象。

如图 2-2-2（b）所示为双作用气缸的排气节流调速回路。在排气节流时，气缸排气腔内可以建立与负载相适应的背压，在负载保持不变或微小变动的情况下，运动比较平稳，调节节流阀的开度即可调节气缸往复运动速度。

为了提高气缸的运动速度，可以在气缸出口处安装快速排气阀，这样气缸内的气体可通过快速排气阀直接排空。

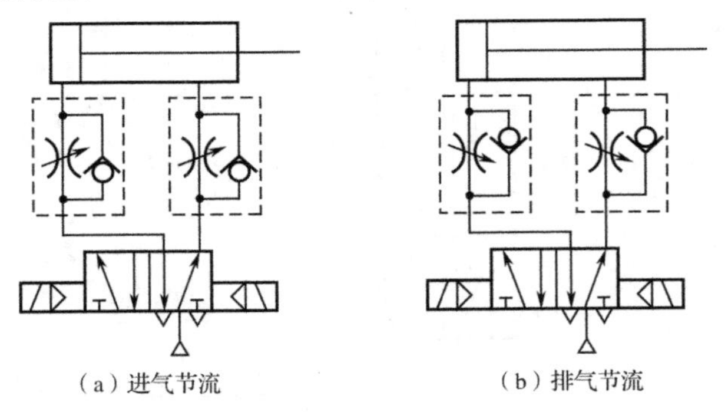

图 2-2-2　双作用气缸的节流调速回路

2. 稳速控制回路

由于空气存在可压缩性缺点，所以，在低速及负载变化大的场合可采用气-液转换回路。这种控制方式不需要液压动力，即可实现传动平稳、定位精度高、速度控制容易等目标。

如图 2-2-3 所示为采用气-液转换器的速度控制回路。它利用气-液转换器将气压变成液压，利用液压油驱动液压缸，从而得到平稳且容易控制的活塞运动速度。通过调节两个节流阀的开度来实现气缸两个运动方向的速度控制。

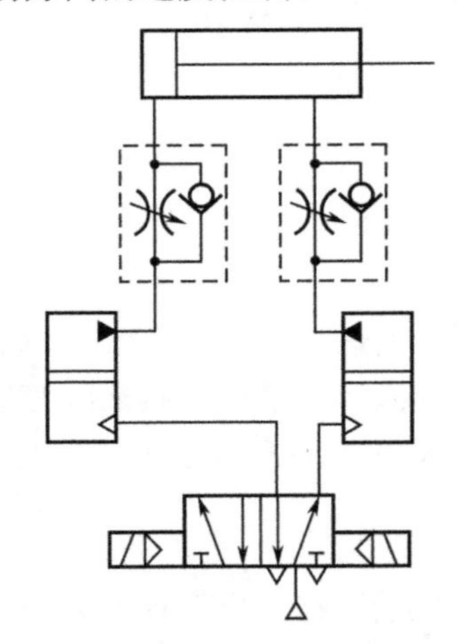

图 2-2-3　气-液转换速度控制回路

二、位置控制回路

如图 2-2-4（a）所示为采用中位封闭式三位五通阀的位置控制回路。当阀处于中位时，气缸两腔的压缩空气被封闭，活塞可以停留在行程中的任意位置。这种回路不允许系统有内泄漏，否则气缸将会偏离原来停止的位置。

若气缸活塞两端作用面积不同，阀处于中位后活塞仍将移动一般距离。此时，可以在活塞面积较大的一侧和控制阀之间增设调压阀，调节调压阀的压力，使作用在活塞上的合力为零，控制回路如图 2-2-4（b）所示。

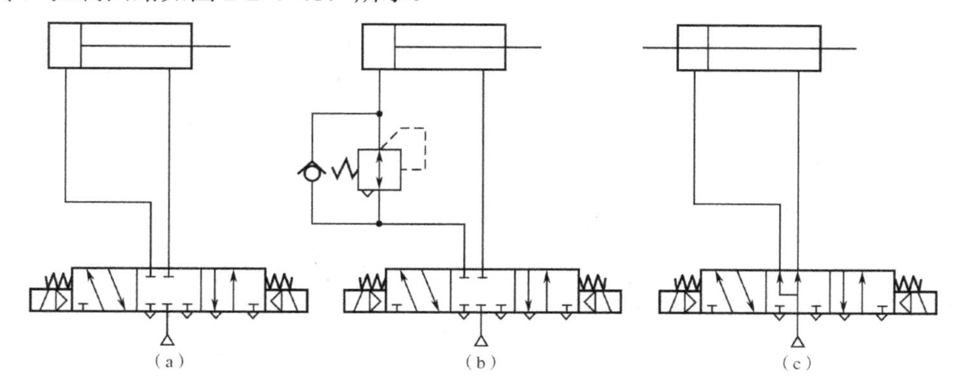

图 2-2-4　中位封闭式三位五通阀的位置控制回路

若使用的双作用气缸为对称气缸，即活塞两侧作用面积相等，则可以采用如图 2-2-4（c）所示的中位加压式三位五通换向阀的位置控制回路。

由于空气的可压缩性，采用纯气动控制方式还是难以获得较高的控制精度。

阅读材料

气压传动的缓冲回路

气缸驱动较大负载且高速移动时，会产生很大的动能。将此动能从某一位置开始逐渐减少，最终使负载在指定位置平稳停止的回路称为缓冲回路。缓冲的方法大多是利用空气的可压缩性，在气缸内设置气压缓冲装置。此外还有在外部设置吸震气缸的方法，但对于行程短、速度高的情况，气缸内设气压缓冲吸收动能比较困难，因此，一般采用外部的液压吸震装置。

一、缓冲基本回路

如图 2-2-5 所示为基本缓冲回路。驱动负载的气缸（左）运动时具有很大的动能，在到达停止前的某个位置时，触动吸震动缸（右）的活塞杆，使吸震缸的压力上升，缸内空气经节流阀和换向阀排出。当主动缸返回时，吸震缸也同时被供气，活塞杆伸出。由于空气有压缩性，使用这种回路时，节流阀开度必须调节适当，否则会产生能量吸收不足，发生撞击或反弹现象。

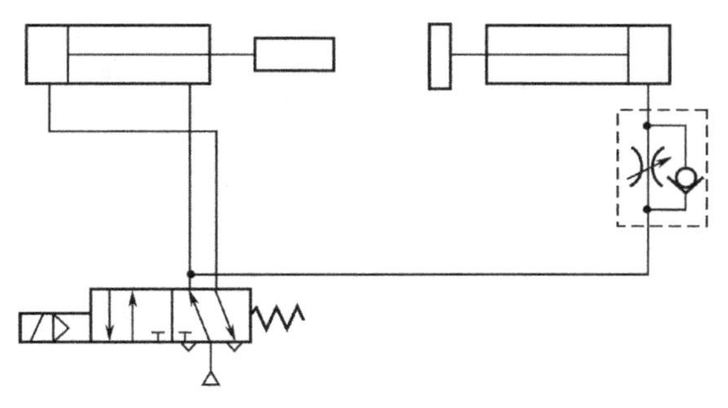

图 2-2-5　缓冲基本回路

二、采用安全阀的缓冲回路

吸震缸在仅有节流阀时将会产生很大的压力，为了避免缸内的压力过高，可以采用如图 2-2-6 所示的采用安全阀的缓冲回路。当缸内压力超过溢流阀的设定压力时，空气经溢流阀放出，使内部压力保持恒定。吸震缸回程时，压缩空气经单向阀供入，使活塞返回原位。采用这种方式时，由于限制了缸内压力，会使气缸的缓冲行程拉长。

三、采用并联节流阀的缓冲回路

除气压缓冲器或液压缓冲器外，采用两个节流阀并联使用的方法也可达到缓冲效果。如图 2-2-7 所示，两个节流阀分别调定为不同的节流开度，以控制气缸的高速运动或低速缓冲。当三通电磁阀通电时，气缸高速运动，在气缸到达行程终点时，行程开关所发出的信号将使三通电磁阀断电，气缸由高速运动状态转变为低速缓冲状态。

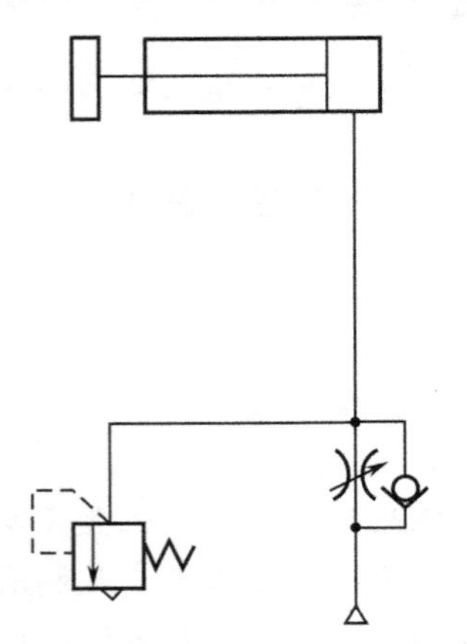

图 2-2-6　采用安全阀的缓冲回路

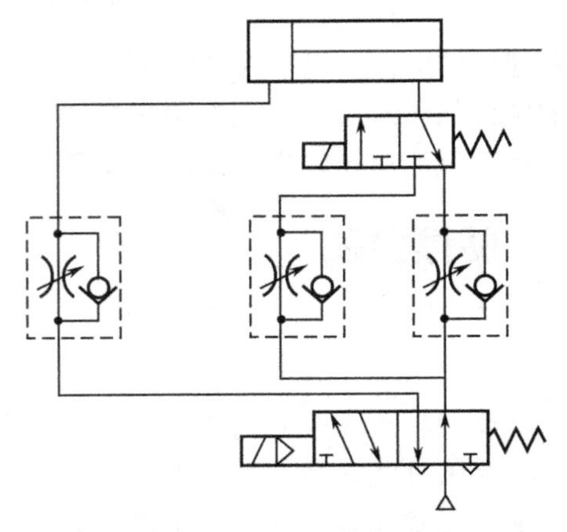

图 2-2-7　采用并联节流阀的缓冲回路

完成工作任务指导

一、工具与器材准备

1. 工具

活动扳手、内六角扳手、十字螺钉旋具、剪刀。

2. 器材

实训台、24V 电源模块、按钮模块、继电器模块、行程开关、双作用气缸、双电控二位五通阀、单向节流阀、空压机（气源）、气动三联件、管接头、塑料管（气管）。

二、气动回路的搭建

1. 任务分析

系统的往复运动是通过行程开关 SQ1、SQ2 来实现的，当气缸缩回时行程开关 SQ1 动作；气缸伸出到位时行程开关 SQ2 动作。

系统启动后，二位五通换向阀换向，气缸伸出。伸出到位后碰压 SQ2，换向阀再次换向，气缸缩回。缩回到位后使得 SQ1 又动作，气缸又重新开始做往复运动。

考虑到二位五通阀是双电控的，在电气控制电路中 SQ1、SQ2 必须采用电气互锁。

气缸活塞往复运动中，按下停止按钮 SB2，气缸活塞杆停止在 SQ1 或 SQ2 处。

2. 画电气控制原理图

根据工作任务要求的控制，确定控制器件，并画出电气控制原理图。连续往复继电器控制回路电气控制部分的工作原理图如图 2-2-8 所示。

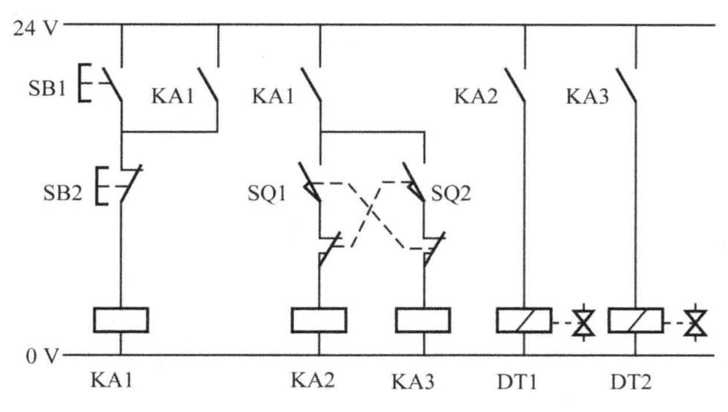

图 2-2-8 电气控制原理图

工作原理分析：打开气源，按下按钮 SB1，继电器 KA1、KA2、电磁线圈 DT1 依次得电，使二位五通阀处于左位，压缩空气由 P 口进气、A 口出气，经单向节流阀 1 进入气缸左腔使气缸活塞杆伸出。伸出到位碰压行程开关 SQ2，继电器 KA3 得电，依次电磁线圈 DT2 得电（气缸伸出时 DT1 已失电），二位五通阀换向，压缩空气从 P 口进、B 口出，经过单向节流阀 2 进入气缸右腔，使活塞杆缩回。

活塞杆缩回到位后碰压行程开关 SQ1（活塞杆缩回时 DT2 已失电），再次接通 KA2、DT1，气缸再次伸出，又继续做往复运动。

3. 控制回路的搭建

（1）气动回路的搭建

① 根据如图 2-2-1 所示的气动回路原理图，正确选择气动元件、气动辅助元件等。

② 检查气动元件等的质量，如气缸、行程开关等动作是否灵活，气路是否畅通；检查塑料线管有无破损或老化问题。

③ 合理布局元件并牢固安装，按气动回路原理图进行气路连接。

（2）电气控制回路的搭建

① 根据如图 2-2-8 所示的电气控制原理图，正确选择元件或模块。

② 检查元件或模块质量。

③ 合理布局元件、模块并固定安装，按电气控制原理图进行电路连接。

三、控制回路的调试

1. 控制回路的调试方法与步骤

（1）打开气源，调节合适的气压（在 0.4～0.6MPa 范围）。

（2）打开电源，按下启动按钮 SB1，观察气缸的动作是否伸出。
（3）观察活塞杆伸出是否到位，并立即缩回。
（4）完成实验后，关闭电源和气源，拆除气路和电路，整理实验台及环境卫生。
控制回路的搭建与调试过程如图 2-2-9 所示。

2. 实验分析

根据实验现象，请你归纳总结。将各元件动作情况记录表 2-2-1 中。

表 2-2-1　各元件动作情况记录表

序号	状态	KA1	KA2	KA3	DT1	DT2	换向阀	气缸
1	初始	失电	失电	失电	失电	失电	左位	缩回
2	按下 SB1	得电	得电	失电	得电	失电	右位	伸出
3	碰压 SQ2	得电	失电	得电	失电	得电	左位	缩回
4	碰压 SQ1	得电	得电	失电	得电	失电	右位	伸出
5	按下 SB2	失电	失电	失电	失电	失电	左位或右位停止	伸出或缩回

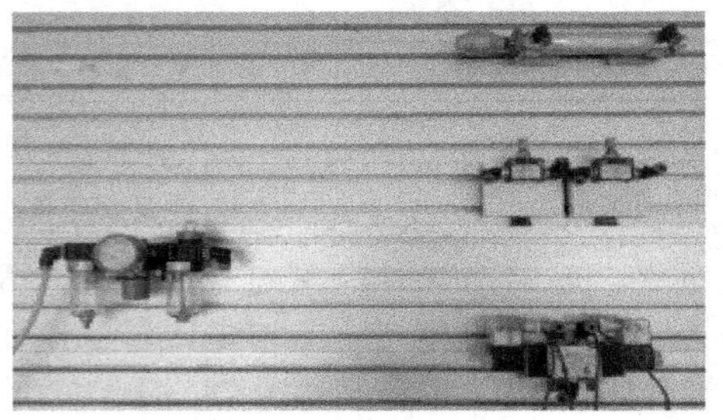
（a）安装元件

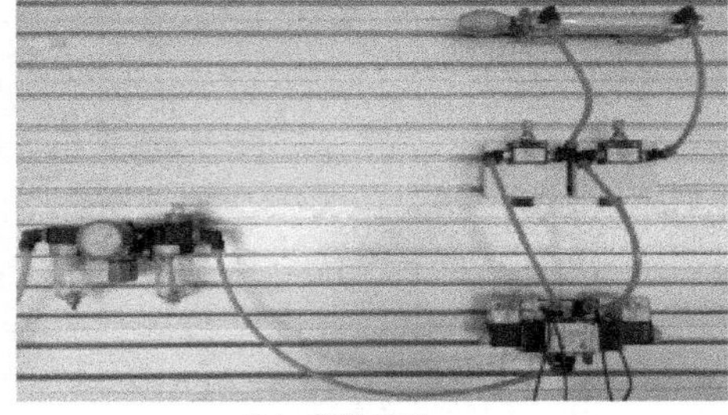
（b）连接气路

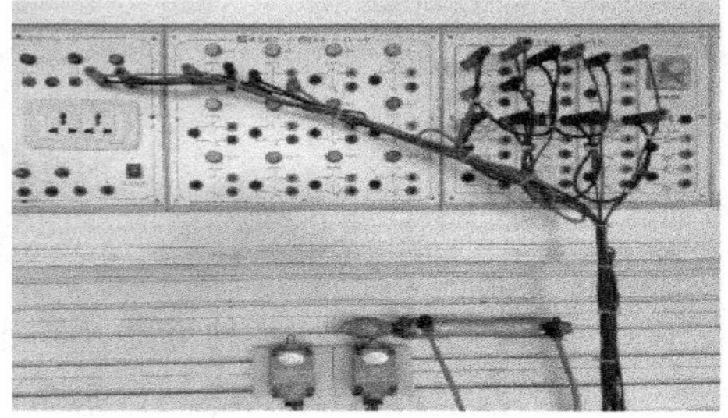
（c）连接电路

（d）打开气源并调节气压

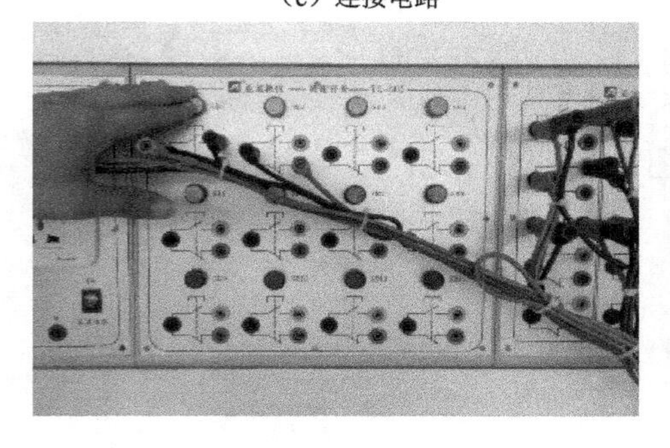
（e）按下启动按钮

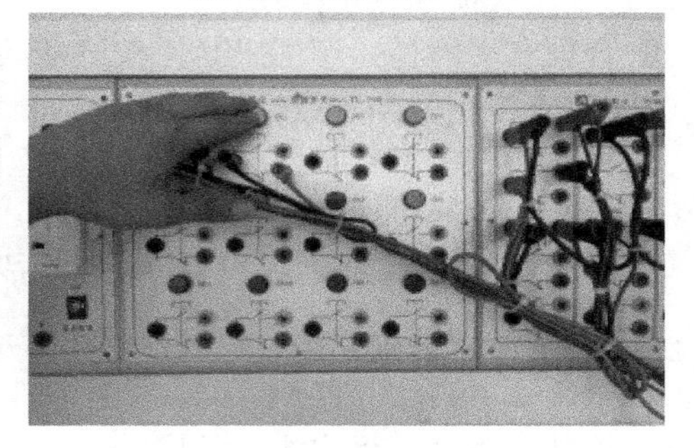
（f）按下停止按钮

图 2-2-9　气动回路的搭建与调试过程

四、工作任务评价表

请你填写连续往复继电器控制回路的搭建工作任务评价表2-2-2。

表2-2-2 连续往复继电器控制回路的搭建工作任务评价表

序号	评价内容	配分	评价细则	学生评价	老师评价
1	工具与器材准备	10	（1）工具少选或错选，扣2分/个； （2）器件少选或错选，扣2分/个		
2	气压回路搭建	40	（1）电气回路原理图未绘制，扣10分； （2）电气回路原理图绘制不正确，扣5分/处； （3）元件检查误检或漏检，扣2分/个； （4）元件安装位置不合理，扣2分/只； （5）元件安装不牢固，扣2分/只； （6）气管长度不合理，没有绑扎或绑扎不到位，扣2分/条； （7）电路、气路连接工艺不规范、不牢固，扣2分/条		
3	控制回路调试	40	（1）气压值等参数设置不合理，扣5分/个； （2）打开气源后，发现有漏气现象，扣5分/次； （3）按下按钮，气缸不伸出，扣10分/次； （4）活塞杆伸出到位后不缩回，扣10分/次； （5）按下停止按钮，气缸继续往复运动，扣5分		
4	职业与安全意识	10	（1）未经允许擅自操作，或违反操作规程，扣5分/次； （2）工具与器材等摆放不整齐，扣3分； （3）损坏工具，或浪费材料，扣5分； （4）完成任务后，未及时清理工位，扣5分； （5）严重违反安全操作规程，取消考核资格		
合计		100			

思考与练习

一、填空题

1．控制气缸速度是指__________与__________两个部分。调速的一般方法是改变气缸进、排气管路的__________。因此，利用__________等流量控制阀来改变进、排气管路的有效面积，即可实现调速控制。稳速控制通常采用__________转换的方法，克服气体可压缩性的缺点，利用液体的特性来__________速度。

2．为控制气缸的速度，回路要进行__________控制，在气缸的__________侧进行流量控制时称为进气节流，在__________侧进行流量控制时称为排气节流。

3．为了提高气缸的速度，可以在气缸出口安装__________阀，这样气缸内气体可通过它直接排放。

4．气-液转换控制方式不需要液压动力即可实现传动__________、定位__________、速度控制__________等目的，从而克服了气动难以实现低速控制的缺点。

二、简答题

1．本次工作任务所搭建的控制回路，系统的往复运动是通过什么元件来实现的？

2．系统运行时，按下停止按钮 SB2，气缸活塞杆停止什么位置，为什么？

3．系统采用的是进气节流，还是排气节流以调节系统的运动速度？

三、实操题

气动回路如图 2-2-1，电气控制原理图如图 2-2-10 所示。请你搭建与调试该气动系统，并回答：

（1）按下启动按钮 SB1，双作用气缸如何动作？

（2）系统运行中，按下停止按钮 SB2，双作用气缸是否停止运动？活塞杆最终停止在什么位置？

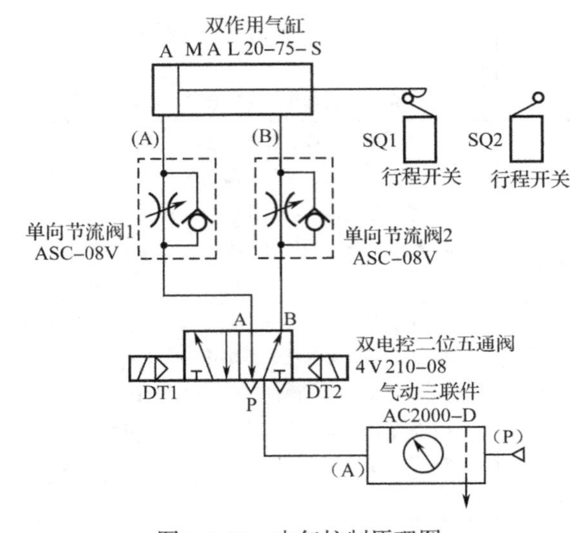

图 2-2-10　电气控制原理图

任务 2-3

双气缸连续往复 PLC 控制回路的搭建

工作任务

控制要求：系统初始状态为气缸 1 缩回（磁性开关 SQ1 有信号），气缸 2 也缩回（压住行程开关 1，SQ3 动作）。

按下启动按钮 SB1，气缸 1 伸出，磁性开关 2 检测到信号后，气缸 2 伸出；气缸 2 伸出到位压着 SQ4，气缸 1 缩回。气缸 1 缩回到位，磁性开关 1 检测到信号后，气缸 2 缩回。

一个工作周期完成，然后继续重复以上往复动作，直到按下停止按钮 SB2 为止。

双气缸连续往复气动回路原理图如图 2-3-1 所示。请你完成以下工作任务：

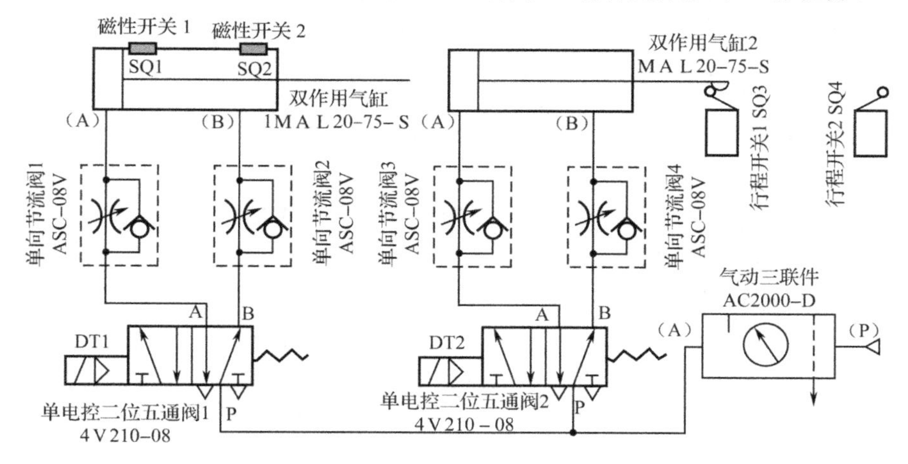

图 2-3-1　气动回路原理图

（1）根据气动回路原理图，正确选择气动元件，并检查各元件的质量。

（2）将气动元件合理布局并牢固固定在实训装置上，按原理图完成气路连接。

（3）根据控制要求，设计并绘制 PLC 电气控制原理图，再按原理图完成电路连接。

（4）编写 PLC 程序，并调试控制回路，使双气缸动作符合其控制要求。

相关知识

一、磁性开关

传感器是将被测非电量信号转换为与之有确定关系电量输出的器件或装置。传感器通常由敏感元件、转换元件和转换电路组成。

传感器的种类繁多，功能各异。磁性开关是属于磁感应式传感器，是气动与液压系统中常用的传感器。磁性开关可以直接安装在气缸缸体上，当带有磁环的活塞移动到磁性开关所在位置时，磁性开关内的两个金属簧片在磁环磁场的作用下吸合，发出信号。当活塞移开，磁场离开金属簧片，触点自动断开，信号切断。通过这种方式可以很方便地实现对气缸活塞位置的检测。

磁性开关的图形符号如表 2-1-1 所示。

二、可编程控制器基础知识

用于自动控制的元件和器件很多，PLC 具有编程方法简单易学、接线简单、抗干扰能力强、稳定性好、性价比高、系统的安装与调试工作量少等特点，所以被广泛应用于工业控制中。PLC 的品种也很多，如国产科德 PLC、国产东元 PLC、日本三菱 PLC、欧姆龙 PLC 松下 PLC、西门子 PLC 等。

亚龙 YL-381 型液压与气压传动实训考核装置上使用的 PLC 是三菱 FX2N-48MR，已经安装在一个模块上，并且将其输入端子、输出端子、内部 24V 电源及外部电源接线端都引出到模块的面板插孔上。

1. PLC 的编程语言

PLC 常用的编程语言有四种，梯形图、指令表、顺序功能图、高级语言。

（1）梯形图

四种编程语言中梯形图是使用最多的一种编程语言，它形象、直观实用，类似于电气控制系统中继电接触器控制电路图，逻辑关系清晰可辨。梯形图设计要遵行一定的规则，如表 2-3-1 中左图为不符合设计规则，右图为正确的。

表 2-3-1　梯形图结构对照表

序号	不正确	正确
1	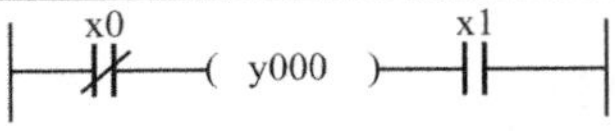 x0 (y000) x1	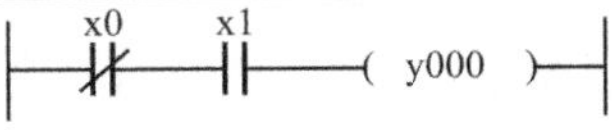 x0 x1 (y000)
2	 (y000)	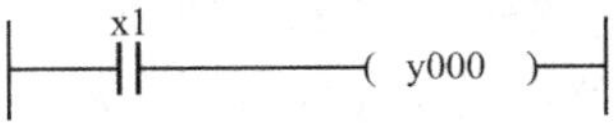 x1 (y000)
3	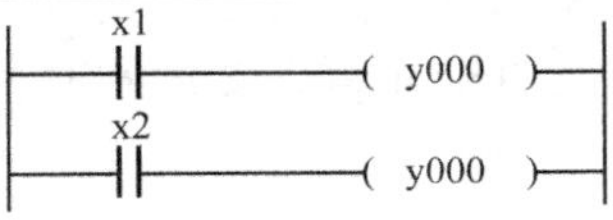 x1 (y000) x2 (y000)	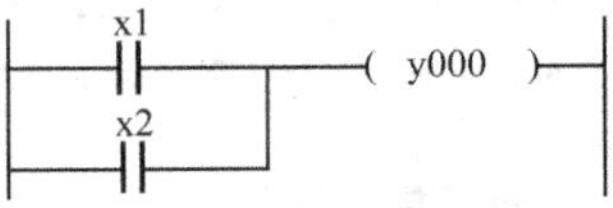 x1 (y000) x2
4	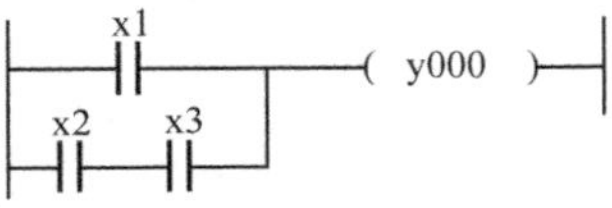 x1 (y000) x2 x3	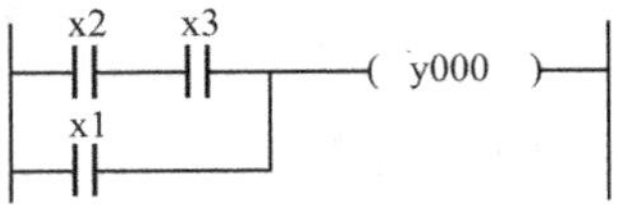 x2 x3 (y000) x1
5	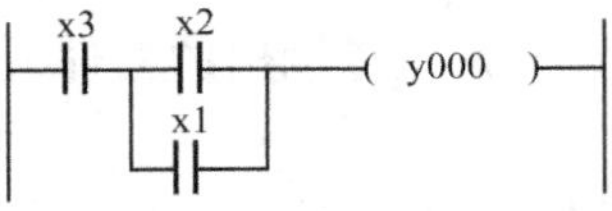 x3 x2 (y000) x1	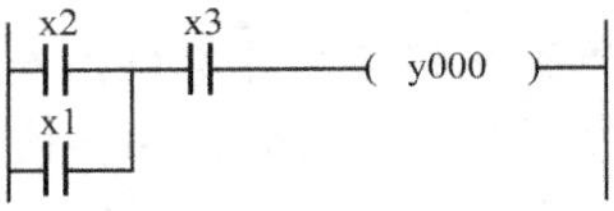 x2 x3 (y000) x1
6	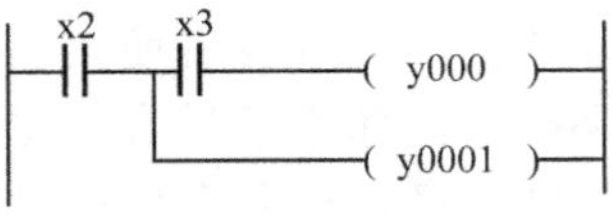 x2 x3 (y000) (y0001)	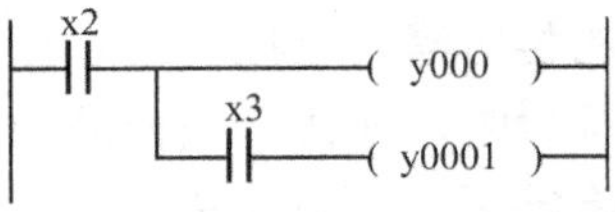 x2 (y000) x3 (y0001)
7	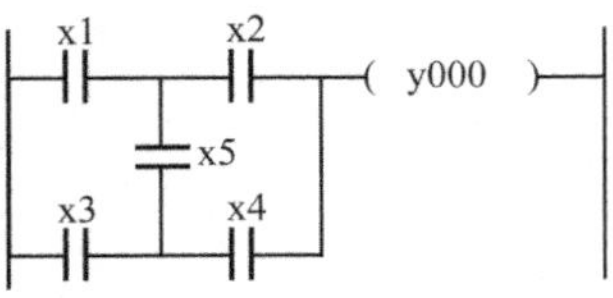 x1 x2 (y000) x5 x3 x4	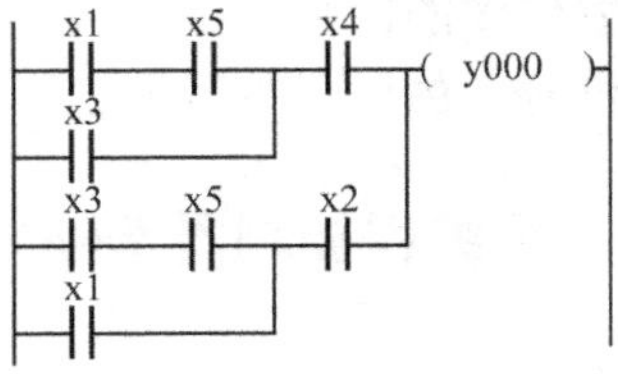 x1 x5 x4 (y000) x3 x3 x5 x2 x1

（2）指令表

指令表也称助记符，是用若干个容易记忆的字符来代替 PLC 的某种操作功能。表 2-3-2 列出了 PLC 的一些常用指令符。

表 2-3-2 PLC 常用指令符

序号	指令符名称	功能说明
1	LD	取（加载动合接点）
2	LDI	取反（加载动断接点）
3	OUT	输出线圈驱动指令
4	AND	与（串联动合接点）
5	ANI	与非（串联动断接点）
6	OR	或并行连接 a 接点（并联动合接点）
7	ORI	或非并行连接 b 接点（并联动断接点）
8	LDP	取脉冲上升沿
9	LDF	取脉冲下降沿
10	ANDP	与脉冲上升沿检测串行连接
11	ANDF	与脉冲（F）下降沿检测串行连接
12	ORP	或脉冲上升沿检测并行连接
13	ORF	或脉冲（F）下降沿检测并行连接
14	ORB	电路块或块间并行连接
15	ANB	电路块与块间串行连接
16	INV	运算结果取反
17	PLS	上升沿检出指令
18	PLF	下降沿检出指令
19	SET	置位动作保存线圈指令
20	RST	复位动作保存解除线圈指令
21	STL	步进接点指令（梯形图开始）
22	RET	步进返回指令（梯形图结束）
23	MOV	传送
24	ADD	BIN 加法
25	SUB	BIN 减法
26	MUL	BIN 乘法
27	DIV	BIN 除法
28	INC	BIN 加 1
29	DEC	BIN 减 1
30	ZRST	区间复位
31	PLSY	脉冲输出

（3）状态流程图

状态流程图也叫顺序功能图或称状态转移图，它将一个控制过程分为若干个阶段，每一个阶段视为一个状态。状态与状态之间存在某种转移条件，当相邻两个状态之间的转移条件成立时，状态就发生转移，即当前状态的动作结束的同时，下一状态的动作开始。

状态流程图用流程框图表示，图 2-3-2 所示的流程图为常用的 4 种类型。

PLC 有两条步进指令：STL 和 RET，这两条指令是针对状态流程图进行编写程序用的特殊语句。STL 表示步进开始，RET 表示步进结束。

（4）高级语言

PLC 还可以采用高级语言编程，如 BASIC、FORTRAN、PASCAL、C 语言。

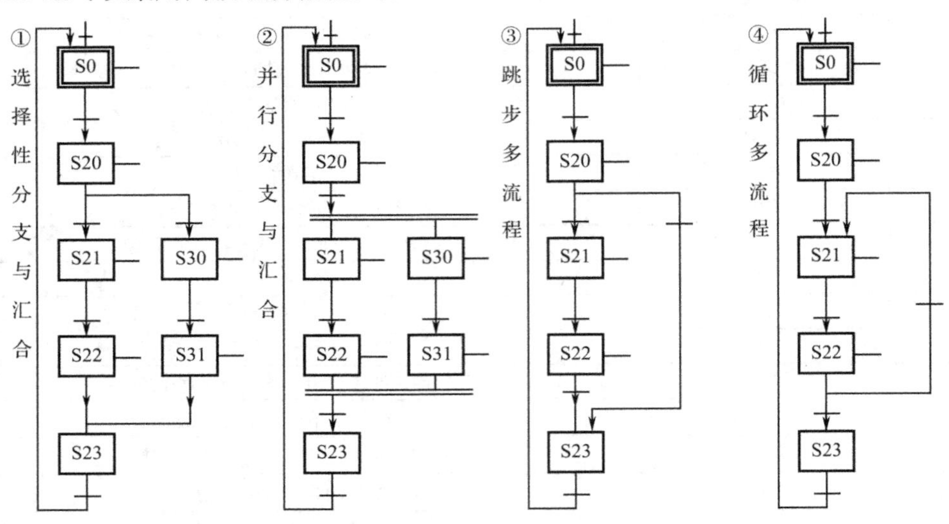

图 2-3-2　状态流程图类型

2. PLC 编程软件的使用

不同的可编程控制器其编程软件也不相同，我们选择三菱的 GX Developer 软件为例来学习如何使用 PLC 编程软件。

GX Developer 软件具有 PLC 控制程序的创建、程序写入和读出、程序监控和调试、PLC 的诊断等功能。下面以完成图 2-3-3 所示的启动与停止控制程序的输入为例，说明 GX Developer 软件的基本操作。

（1）GX Developer 软件的界面

GX Developer 软件的界面如图 2-3-3 所示。

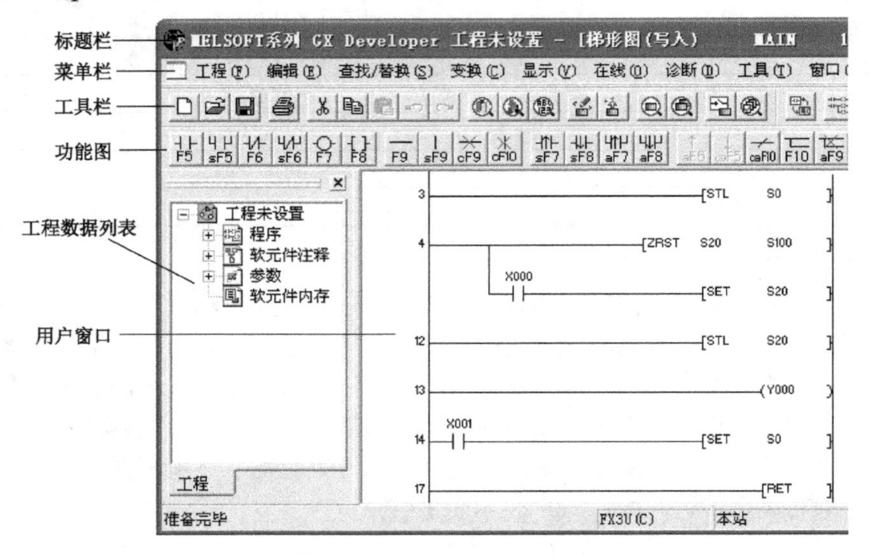

图 2-3-3　GX Developer 界面

（2）创建新工程

单击菜单栏中的“工程”→“创建新工程”，即可打开如图 2-3-4 所示的对话框。

在对话框的 PLC 系列选项应根据所使用的 PLC 系列来选择。如我们使用的 PLC 型号为 FX3U-32M 时，PLC 系列选项应选择“FXCPU”；PLC 类型选择“FX3U(C)”，程序类型选择“梯形图”。工程名的设定和保存路径可以在选择“设置工程名”选项后进行设置，也可以在程序进行保存时再设置。

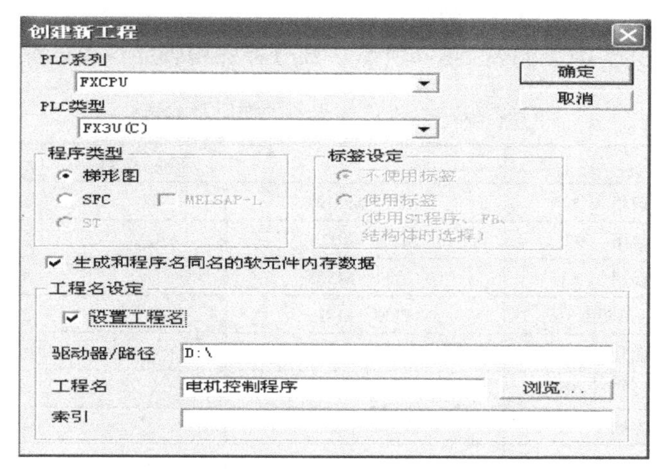

图 2-3-4 “创建新工程”对话框

（3）程序编写

新工程建立后就可以在用户窗口进行梯形图的输入。输入时可采用“功能图”进行编程，也可以采用“指令符”或“快捷键”方式。采用键盘输入时，请参照表 2-3-3。最后完成如图 2-3-5 所示的梯形图程序。

表 2-3-3 快捷键输入

元件或指令	快捷键	元件或指令	快捷键
常开触点（A）	F5	横线（H）	F9
常闭触点（B）	F6	竖线删除（D）	Ctrl+F10
并联常开触点（O）	Shift+F5	横线删除（L）	Ctrl+F9
并联常闭触点（R）	Shift+F6	上升沿脉冲（P）	Shift+F7
线圈（C）	F7	下降沿脉冲（S）	Shift+F8
应用指令（F）	F8	并联上升沿脉冲（U）	Alt+F7
竖线（V）	Shift+F9	并联下降沿脉冲（T）	Alt+F8

（4）程序变换

在完成梯形图的输入并检查无误后，应对梯形图进行变换/编译操作，将其变换为 PLC 的执行程序，否则编辑中的程序无法保存和下载运行。具体操作方法是：单击工具栏中的“程序变换”→“编译”按钮即可。

（5）注释编辑

对程序中用到的软元件进行注释，有助于我们阅读和理解程序，尤其是在进行调试和修改程序时帮助更大。具体操作是：先单击工具栏中的“注释编辑”按钮，然后双击梯形图中需要进行注释的元件进行注释即可。注释可通过“显示”菜单项中的“注释显示”选项来打开或关闭显示。

除此之外，PLC 还有保存程序、下载程序、上载程序、在线修改、监视模式等功能。

3．PLC 软元件

PLC 软元件是指输入继电器（X）、输出继电器（Y）、辅助继电器（M）、状态继电器（S）、定时器（T）、计数器（C）、数据寄存器等。

PLC 软元件的其他类型如表 2-3-4 所示。部分特殊用辅助继电器如表 2-3-5 所示。

表 2-3-4　PLC 软元件的作用及编号

项目		FX_{3U} 系列	
辅助继电器	一般用　*1	M0～M499	500 点
	保存用　*2	M500～1023	524 点
	保存用　*3	M1024～M3071	2048 点
	特殊用	M8000～M8255	256 点
状态继电器	初始化　*1	S0～S9	10 点
	一般用　*2	S10～S499	490 点
	保存用　*3	S500～S899	400 点
	信号用	S900～S999	100 点
定时器	100ms	T0～T199	200 点（0.1～3276.7 秒）
	10ms	T200～T245	46 点（0.01～327.67 秒）
	1ms 累计型　*3	T246～T249	4 点（0.001～32.767 秒）
	100ms 累计型　*3	T250～T255	6 点（0.1～3276.7 秒）
计数器	16 位单向　*1	C0～C99	100 点（0～32767 计数）
	16 位单向　*2	C100～C199	100 点（0～32767 计数）
	32 位双向　*1	C200～C219	20 点　（-2147483648～+2147483647）计数
	32 位双向　*2	C220～C234	15 点（-2147483648～+2147483647）计数
	32 位高速双向*2	C235～C255	21 点（-2147483648～+2147483647）计数
数据存储器	16 位通用　*1	D0～D199	200 点
	16 位保存用　*2	D200～D511	312 点
	16 位保存用　*3	D512～D7999	7488 点（D1000 以后可以 500 点为单位设置文件寄存器）
	16 位特殊用	D8000～D8255	256 点
	16 位变址寻址用	V0～V7，Z0～Z7	16 点
注：*1-非电池保存区，通过参数设置可变为电池保存区；*2-电池保存区，通过参数设置可以改为非电池保存区；*3-电池保存固定区，区域特性不可改变			

表 2-3-5 部分特殊用辅助继电器

M 元件	M 元件的描述	M 元件	M 元件的描述
M8000	PLC 运行时置为 ON 状态	M8002	PLC 运行的第一周期时为 ON
M8011	10ms 时钟周期的振荡时钟	M8012	100ms 时钟周期的振荡脉冲
M8013	1s 时钟周期的振荡脉冲	M8029	脉冲指令执行完成时置 ON

阅读材料

气压传动系统的安装使用与维护

一、气缸的选择与使用

1. 气缸的选择

首先，根据气缸的工作要求，选定气缸的规格、缸径和行程。按气缸工作行程加上适当余量，选取相近的标准行程作为预选行程，依次进行轴向负载检验、径向载荷及缓冲性能校核。

其次，还应考虑工作环境条件、安装方式、活塞杆的连接方式以及行程发出信号方法。

2. 气缸的使用

（1）气缸的安装方式

① 采用脚架式、法兰式安装时，应尽量避免安装螺栓本身直接受推力或拉力负载；同时要求安装底座有足够的刚性。

② 采用尾部悬挂中间摆动安装时，活塞杆顶端连接销位置与安装件轴的位置处于同一方向。

③ 采用中间轴销摆动式安装时，除了注意活塞杆顶端连接销位置外，还应注意气缸轴线与轴支架的垂直度。气缸的中心应尽量靠近轴销的支点，以减小弯矩，使气缸活塞杆的导向套不至承受过大的横向载荷。

（2）气缸的安装规范

气缸使用的工作压力超过 1.0MPa 或容积超过 450L 时，应作为压力容器处理，遵守压力容器的有关规定。气缸使用前，应检查安装连接点有无松动，操纵上应考虑安全互锁。

进行顺序控制时，应检查气缸的工作位置。当发生故障时，应有紧急停止装置。工作结束后，气缸内部的压缩空气应给予排空。

（3）气缸的工作环境

通常规定气缸的工作温度为 5～60℃。在低温情况时，应防止空气中的水蒸气凝结；同时要考虑在低温下使用的密封件和润滑油；在高温下使用时，应选用耐用气缸。

二、气压传动系统的使用和维护

1. 气压传动系统的使用

① 系统使用中应定期检查各部件有无异常现象，各连接部位有无松动；气缸和各种阀

的活动部位应定期加润滑油。

② 气缸检修重新装配时，零件必须清洗干净，特别注意防止密封圈剪切、损坏，注意唇形密封圈的安装方向。

③ 气缸拆下长时间不使用时，所有加工表面应涂防锈油，进、排气口加装防尘塞。

④ 注意空压机等设备的管理，严格管理所用空气的质量。

2. 气压传动系统的维护

① 每天应将过滤器中的水排放掉。有大的气罐时，应加装油水分离器。

② 每周应检查信号发生器上是否有灰尘或切屑沉积，查看调压阀上的压力表以及检查油雾器的工作情况。

③ 每3个月检查管道连接处的密封，以免泄漏。检查阀口有无泄漏。

④ 每6个月检查气缸内活塞杆的支承点是否磨损，必要时可更换。同时也应更换刮板和密封圈。

完成工作任务指导

一、工具与器材准备

1. 工具

活动扳手、内六角扳手、十字螺钉旋具、剪刀。

2. 器材

实训台、三菱PLC模块、24V电源及按钮模块、磁性开关、行程开关、双作用气缸、单电控二位五通阀、单向节流阀、空压机（气源）、气动三联件、管接头、塑料管（气管）。

二、气动回路的搭建

1. 任务分析

系统的往复运动是由PLC自动控制的，气缸1的往复运动通过磁性开关SQ1、SQ2来实现；气缸2的往复运动则通过行程开关SQ3、SQ4来实现，且滞后于气缸1的运动。

单电控制二位五通换向阀的电磁线圈DT1（或DT2）失电时，阀在右位，气压由P口进、B口出，经单向节流阀流入气缸有杆腔，使活塞杆缩回。当换向阀电磁线圈DT1（或DT2）通过PLC输出得电时，换向阀换向，位于左位。此时，气压由P口进、A口出，经单向节流阀进入气缸有杆腔内，使活塞杆伸出。

按下系统停止按钮SB2，两个气缸均缩回。

2. 画电气控制原理图

根据工作任务要求的控制，确定控制器件，并画出PLC电气控制原理图。连续往复PLC控制回路电气控制部分的工作原理图如图2-3-5所示。

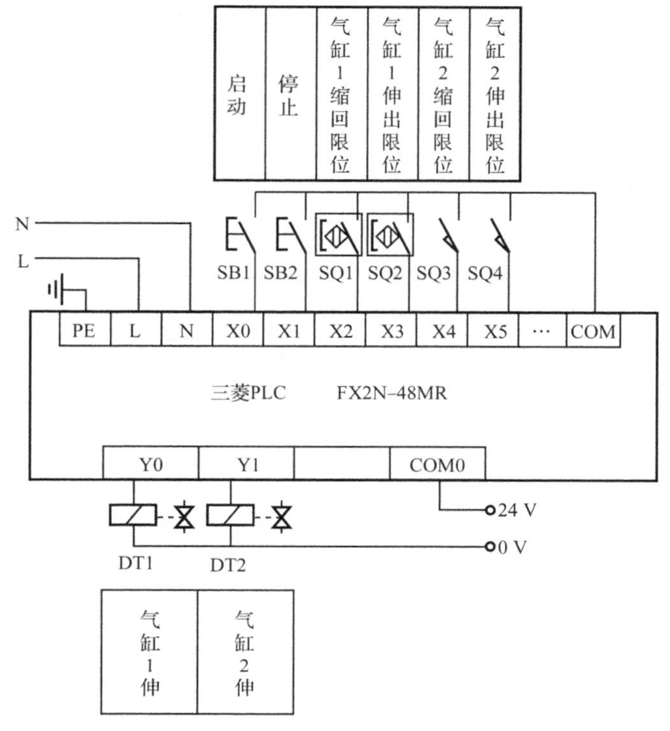

图 2-3-5 PLC 电气控制原理图

工作原理分析：打开气源，按下按钮 SB1，PLC 输入端 X0 有信号，经 PLC 控制，输出端 Y0 有信号，电磁线圈 DT1 得电，换向阀 1 换向，气缸 1 伸出；气缸 1 伸出到位，磁性开关 2 检测到信号（对应于 PLC 的输入端 X3），经 PLC 控制，电磁线圈 DT2 得，换向阀 2 换向，气缸 2 伸出。气缸 2 伸出到位（压着行程开关 SQ4），通过 PLC 控制，使 DT1 失电，气缸 1 缩回。

气缸 1 缩回到位，磁性开关 1 检测到信号（对应于 PLC 输入端 X2），通过 PLC 控制，使 DT2 失电，气缸 2 缩回。气缸 2 缩回到位（压着行程开关 SQ3），通过 PLC 控制，气缸 1 又开始下一周期的循环过程。

系统工作中，按下停止按钮 SB2，电磁线圈 DT1、DT2 均失电，换向阀复位，气缸均缩回，停止工作。

根据工作任务和工作原理的分析，编写 PLC 程序。PLC 控制程序如图 2-3-6 所示。（供读者参考）

3. 控制回路的搭建

（1）气动回路的搭建

① 根据如图 2-3-1 所示的气动回路原理图，正确选择气动元件、气动辅助元件等。

② 检查气动元件等的质量，如气缸、行程开关等动作是否灵活，气路是否畅通；检查塑料线管有无破损或老化问题。

③ 合理布局元件并牢固安装，按气动回路原理图进行气路连接。

（2）电气控制回路的搭建

① 根据如图 2-3-5 所示的 PLC 电气控制原理图，正确选择元件或模块。

② 检查元件或模块质量。

③ 合理布局元件、模块并固定安装，按 PLC 电气控制原理图进行电路连接。PLC 控制程序如图 2-3-6 所示。

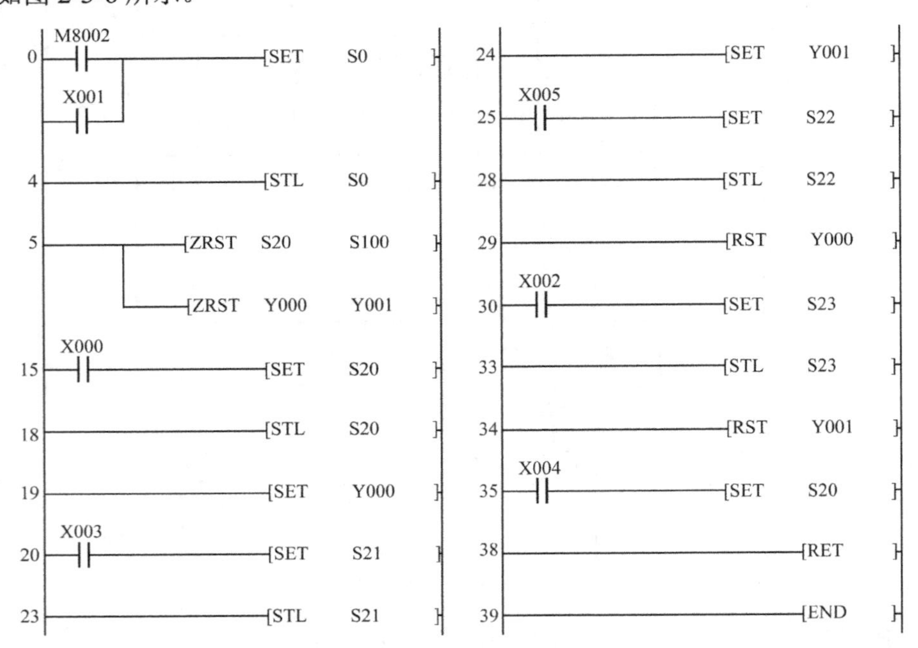

图 2-3-6　PLC 控制程序

三、控制回路的调试

1. 控制回路的调试方法与步骤

（1）打开气源，调节合适的气压（在 0.4～0.6MPa 范围）。

（2）打开电源，按下启动按钮 SB1，观察气缸 1、气缸 2 的动作顺序是否正确。

（3）按下停止按钮 SB2，观察气缸 1、气缸 2 是否均缩回到位。

（4）完成实验后，关闭电源和气源，拆除气路和电路，整理实验台及环境卫生。

控制回路的搭建与调试过程如图 2-3-7 所示。

（a）安装元件

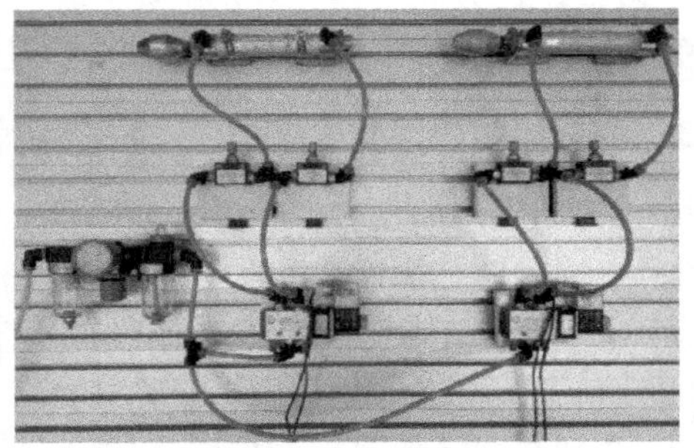

（b）连接气路

图 2-3-7　气动回路的搭建与调试过程

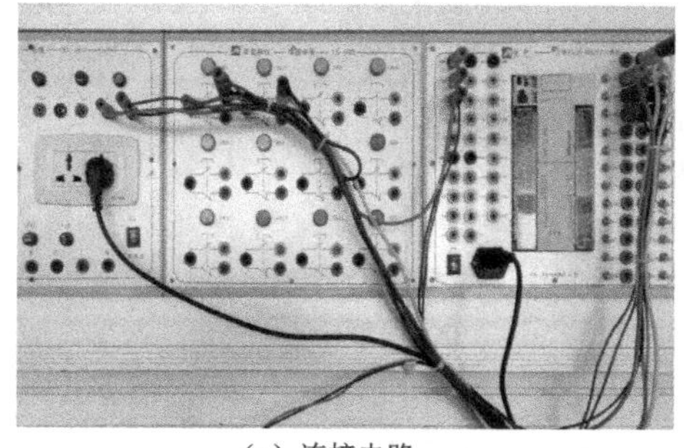

（c）连接电路

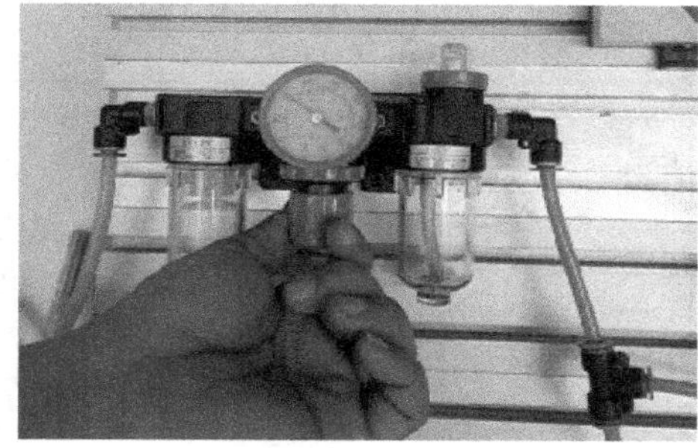

（d）打开气源并调节气压

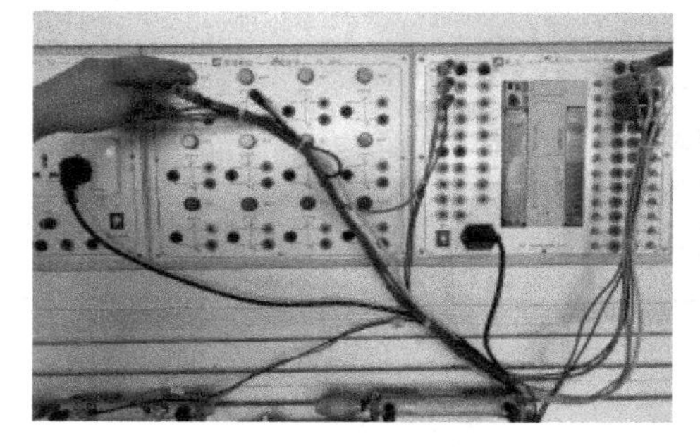

（e）按下启动按钮

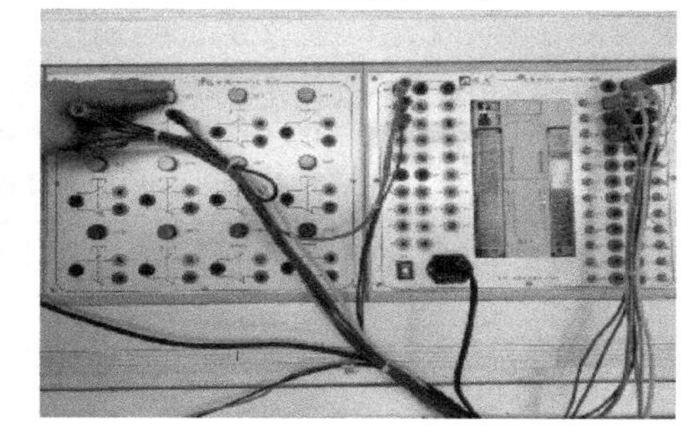

（f）按下停止按钮

图 2-3-7 气动回路的搭建与调试过程（续）

2. 实验分析

根据实验现象，请你归纳总结。

四、工作任务评价表

请你填写双气缸连续往复 PLC 控制回路的搭建工作任务评价表 2-3-6。

表 2-3-6 双气缸连续往复 PLC 控制回路的搭建工作任务评价表

序号	评价内容	配分	评价细则	学生评价	老师评价
1	工具与 器材准备	10	（1）工具少选或错选，扣 2 分/个； （2）器件少选或错选，扣 2 分/个		
2	气压回路搭建	40	（1）电气回路原理图未绘制，扣 10 分； （2）电气回路原理图绘制不正确，扣 5 分/处； （3）元件检查误检或漏检，扣 2 分/个； （4）元件安装位置不合理，扣 2 分/只； （5）元件安装不牢固，扣 2 分/只； （6）气管长度不合理，没有绑扎或绑扎不到位，扣 2 分/条； （7）电路、气路连接工艺不规范、不牢固，扣 2 分/条		

续表

序号	评价内容	配分	评价细则	学生评价	老师评价
3	控制回路调试	40	（1）气压值等参数设置不合理，扣5分/个； （2）打开气源后，发现有漏气现象，扣5分/次； （3）按下按钮，系统不工作扣10分/次； （4）系统启动后，但气缸动作顺序不正确，扣10分/次； （5）按下停止按钮，系统无法停止工作，或气缸停止位置不正确，扣5分		
4	职业与安全意识	10	（1）未经允许擅自操作，或违反操作规程，扣5分/次； （2）工具与器材等摆放不整齐，扣3分； （3）损坏工具，或浪费材料，扣5分； （4）完成任务后，未及时清理工位，扣5分； （5）严重违反安全操作规程，取消考核资格		
合计		100			

思考与练习

一、填空题

1．可编程控制器简称为__________，它具有编程方法__________、接线简单、抗干扰能力__________、稳定性__________、性价比高、系统的安装与调试工作量__________等特点，所以被广泛应用于工业控制中。

2．PLC的品种也很多，如国产的__________（品牌）、日本的__________（品牌）、德国的__________（品牌），等等（不少于3个）。

3．本次任务任务中所使用的PLC的型号为__________。

4．PLC常用的编程语言有四种，即__________、__________、顺序功能图、高级语言。

5．PLC软元件一般是指__________继电器（X）、__________继电器（Y）、__________继电器（M）、__________继电器（S）、__________（T）、__________（C）、__________（D）等。

二、简答题

1．本次工作任务中，气缸1、气缸2的往复运动是通过什么元件来实现的？

2．指令表也称助记符，是用若干个容易记忆的字符来代替PLC的某种功能，请你回答：（1）LD；（2）SET；（3）RST分别表示什么功能？

3．什么叫状态流程图？它有哪两个步进指令？

三、实操题

将以下两个气动回路均改为PLC控制方式，请你编写相应的PLC控制程序。

1．图2-1-1所示的单电控二位五通阀控制的延时返回单往复控制回路。

2．图任务2-2-1所示的双电控二位五通阀控制的连续往复控制回路。

项目三

液压传动系统控制回路的搭建

液压与气压传动是机械设备中被广泛采用的传动方式。近年来，随着机电一体化的快速发展，液压与气压传动的应用也进入了崭新的阶段。

本项目通过完成液控单向阀单向闭锁控制回路的搭建、双油缸顺序动作控制回路的搭建、调速阀并联调速 PLC 控制回路的搭建等工作任务，了解液压传动系统的组成与工作原理，了解液压动力元件、执行元件、控制元件及辅助装置的结构与性能；初步掌握合理选用液压元件并能搭建与调试液压回路的基本技能。

任务 3-1

液控单向阀单向闭锁控制回路的搭建

工作任务

采用液控单向阀单向闭锁液压回路的原理图如图 3-1-1 所示。工作要求：按下按钮 SB2，油缸伸出；按下按钮 SB3，油缸缩回。当按下按钮 SB1，油缸处于单向闭锁状态。请你完成以下工作任务：

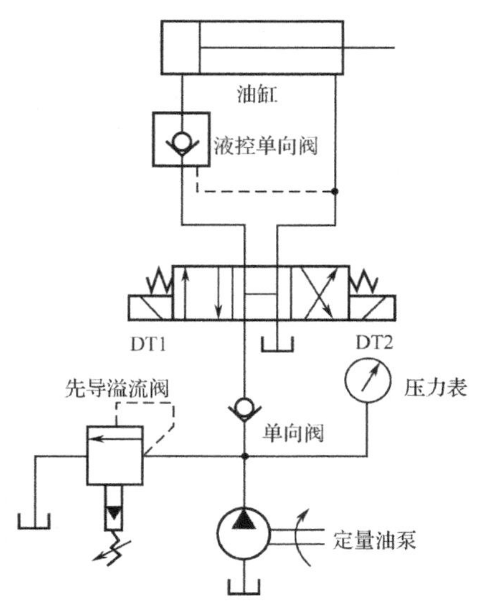

图 3-1-1　采用液控单向阀闭锁液压回路原理图

（1）根据液压回路原理图，正确选择液压元件，并检查各元件的质量。

（2）将液压元件固定在实训装置上，按原理图完成油路连接。

（3）根据控制要求，设计并绘制继电器控制原理图，再按原理图完成电路连接。

（4）调试控制回路，使油缸动作及其单向闭锁功能达到控制要求。

相关知识

一、液压泵

液压泵是液压系统的动力元件，它是一种将机械能转换成液压能的能量转换装置。

1. 液压泵的工作原理

液压泵的工作原理如图 3-1-2 所示。图中，柱塞靠弹簧作用紧压着偏心轮，偏心轮的转动会使柱塞随之作往复直线运动。当柱塞向左移动时，油腔的容积由小变大，形成局部真空，油箱内油液在大气压作用下，经吸油管顶开单向阀 b 进入油腔，这一过程称为吸油。当柱塞向右移动时，油腔的容积由大变小，腔内压力升高，迫使其中的油液顶开单向阀 a 而流入液压系统，这一过程称为压油。

由于偏心轮连续的旋转，使柱塞作周期性往复运动，液压泵就不断地吸油、压油。可见，液压泵是依靠密封容积的变化来实现吸油与压油的交替。

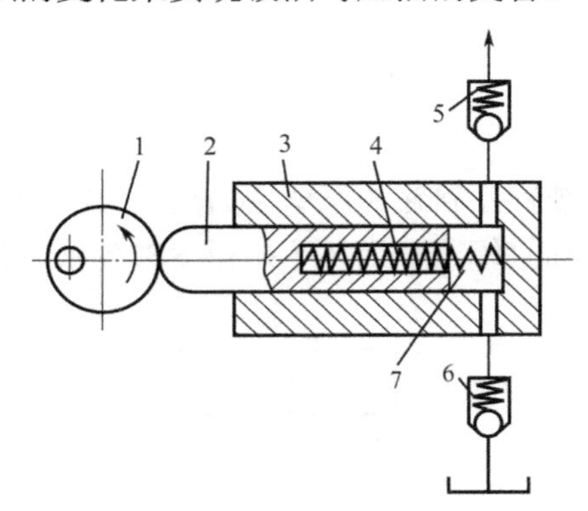

1—偏心轮；2—柱塞；3—泵体；4—弹簧；5—单向阀 a；6—单向阀 b；7—油腔

图 3-1-2　液压泵的工作原理图

2. 液压泵的种类及图形符号

（1）液压泵的种类

液压泵的种类有很多，按其结构形式分有齿轮泵、叶片泵和柱塞泵等。液压泵的其他分类方法还有：

① 按泵的输油方向是否可以改变，可分为单向泵、双向泵；

② 按泵的输出流量是否可以调节，可分为定量泵和变量泵；

③ 按泵的额定压力等级不同，可分为低压泵、中压泵和高压泵等。

（2）液压泵的图形符号

液压泵的图形符号如表 3-1-1 所示。

3. 液压泵的选用

合理选择液压泵，对于降低液压系统的能耗、提高效率、改善工作性能和保证系统的可靠工作都十分重要。

在液压系统中，应根据系统的工况要求，选择液压泵的类型；根据系统的工作压力、流量大小等确定液压泵的规格型号。以下几条选用原则可供读者参考：

（1）轻载小功率的液压设备，可选用双作用叶片泵或齿轮泵。

（2）重载且有快速和慢速工作行程的机械设备，可选用限压式变量叶片泵或双联叶片泵。

（3）重载大功率的机械设备，可选用柱塞泵。

（4）机械设备的辅助装置，可选用廉价的齿轮泵。

表 3-1-1 液压泵的图形符号

图形符号				
名称	单向定量泵	双向定量泵	单向变量泵	双向变量泵

二、液压缸

液压缸是液压系统中的执行元件，它的作用是将液压系统中的压力能转化为机械能，以驱动外部工作部件。因为液压缸的结构简单、工作可靠、运动平稳，所以在各种机械的液压系统中应用广泛。

1. 液压缸的种类

液压缸的种类很多，可按以下方法进行分类：

（1）按结构形式的不同，可分为活塞式、柱塞式和摆动式液压缸。

（2）按供油方向的不同，可分为单作用式、双作用式液压缸。

（3）按活塞杆的形式不同，可分为单杆式和双杆式液压缸。

2. 液压缸的组成与工作原理

（1）液压缸的组成

液压缸的结构基本上可以分为缸体组件、活塞组件、密封装置、缓冲装置及排气装置等五个部分。

缸体组件包括缸筒、前后缸盖和导向套等，它与活塞组件构成密封的油腔。缸筒与缸盖之间的连接形式有法兰式、卡环式、螺纹式、拉杆式和焊接式。

活塞组件由活塞、活塞杆和连接件等构成，活塞在缸筒内受油压作用做往复直线运动。活塞杆是连接活塞和工作部件的传力零件，活塞和活塞杆之间的连接形式有整体式、焊接式、锥销式、螺纹式和卡环式。

密封装置的设置，是为了防止和减少油液的泄漏及空气和外界污染物的侵入。因为液压缸在工作时，缸内压力较缸外压力大，进油腔压力较回油腔压力大，在配合表面处将会产生泄漏，造成污染设备与环境，甚至影响系统的工作。

缓冲装置的设置，目的在于避免活塞与缸盖之间的相互碰撞。常见的缓冲装置有圆环状间隙式、可调节流式、可变节流槽式等缓冲装置。

排气装置用于排放混入液压系统中的空气，尽可能避免产生振动、噪声、爬行和启动时突然前冲等现象，使液压系统的工作更加稳定。

对于速度稳定性要求较高的液压缸，需要专门设置排气装置，而对于要求不高的液压系统，就往往不设专门的排气装置。

（2）液压缸的工作原理

以单杆活塞式液压缸为例，其工作原理如图 3-1-3（a）所示。

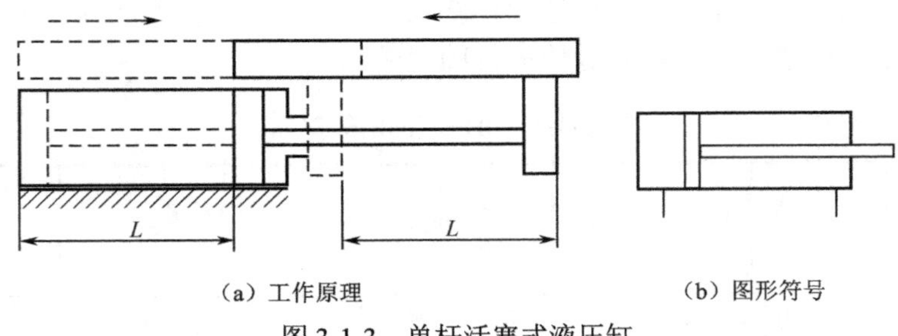

（a）工作原理　　（b）图形符号

图 3-1-3　单杆活塞式液压缸

当缸的左腔进油、右腔回油时，活塞带动工作台向右移动；反之，右腔进油、左腔回油时，活塞带动工作台向左移动。由图 3-1-3（a）可见，工作台的运动范围等于有效行程 L 的两倍，故结构紧凑，应用广泛，其图形符号如图 3-1-3（b）所示。

单杆活塞式液压缸，由于仅一侧有活塞杆，所以两腔的有效工作面积不同，当分别向缸的两腔供油，且供油压力和流量相同时，活塞在两个方向上所产生的推力和运动速度不相等。即无杆腔进油时，推力大，速度慢；有杆腔进油时，推力小，速度快。因此，单杆活塞式液压缸常用于一个方向有较大负载、运动速度较低，而另一个方向为空载、快速退回运动的设备中。

3. 液压缸的选用

在实际应用中，应根据不同的工作要求来合理选择液压缸。选用原则参考如下：

（1）双作用单杆活塞式液压缸，其往复运动速度不相等，且无杆腔进油产生的推力大于有杆腔进油的推力，所以，常用于实现机床设备中的慢速加工进给和快速退回，也常用于需要液压缸产生较大推力的场合。

（2）双作用双杆活塞式液压缸，其往复运动速度一致，常用于需要工件做等速往返运动的场合，如用于驱动外圆磨床的工作台。

（3）差动液压缸，只需要较小的牵引力就能获得相等的往返速度，在机床上应用较多。如应用于组合机床的相同速度的快进和快退工作循环的液压系统中。

（4）在实际生产中，某些场合所用的液压缸并不要求双向控制，且工作行程较长时，常用柱塞式液压缸，如大型的拉床、矿用液压支架等。

三、方向控制阀

液压控制阀是液压系统中用来控制油液的流动方向、压力和流量的液压元件，其中，方向控制阀是利用通流通道的更换控制着油液的流动方向。

方向控制阀包括单向阀和换向阀两种。单向阀的作用是使油液只能沿一个方向流动，不允许反向倒流。常见的单向阀有普通单向阀和液控单向阀两种。普通单向阀的结构及原理与气动单向阀基本相同。

1. 液控单向阀

如图 3-1-4（a）所示为液控单向阀结构图。液控单向阀由单向阀和微型液压缸构成，当控制口 K 不通压力油（无信号）时，其工作和普通单向阀一样，油压 P1 口进、P2 口出；反之，P2 到 P1 反向密封。当控制口 K 通压力油（有信号）时，在液压油压力作用下活塞向右移动，推动顶杆顶开阀芯，使油口 P1 与 P2 相通，这时油液就可以在两个方向上自由通流。液控单向阀图形符号如图 3-1-4（b）所示。

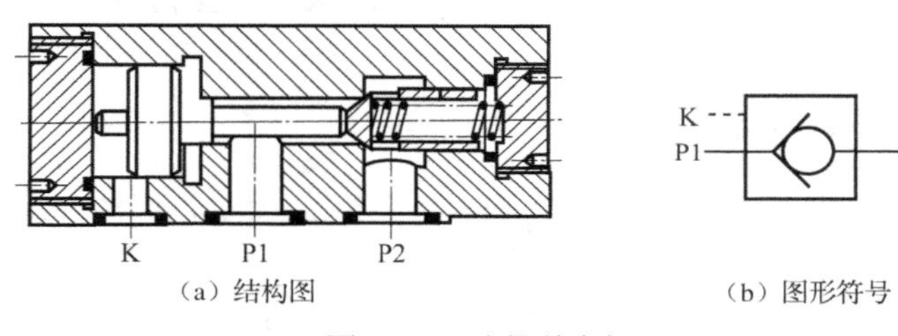

（a）结构图　　（b）图形符号

图 3-1-4　液控单向阀

如图 3-1-5 所示为采用液控单向阀作闭锁元件的双向闭锁回路。当换向阀处于左位时，油缸伸出；当换向阀处于右位时，油缸缩回。若换向阀处于中位时，因阀的中位机能是 H 型，从而使液控单向阀的控制口 K 卸压，两个液控单向阀立刻关闭，使活塞双向闭锁，油缸活塞可以停留在任意位置。

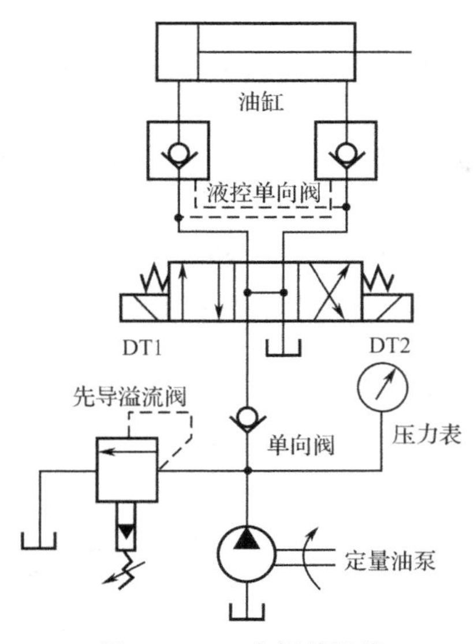

图 3-1-5　双向闭锁回路

由于液控单向阀的密封性好，泄漏少，可较长时间锁紧，所以液控单向阀又称为液压锁。这种回路常用于工程机械、起重运输机和飞机起落架的收放油路上。

2. 换向阀

换向阀是利用阀芯相对于阀体的相对运动，使油路接通、关断，或变换油液流动的方向的一种液压控制元件。液压换向阀的结构及工作原理与气动换向阀基本相同，图形符号、操纵方式可参照表 1-1-4 和表 1-1-5。

阅读材料

液压传动概述

液压传动技术是以液体为工作介质进行能量传递或信号传递及控制的一门技术，广泛应用于机床、工程机械、冶金机械、塑料机械、汽车、船舶等领域中。液压传动技术已成为包括传动、控制和检验在内的一门完整的自动化技术，它正沿着高压、高速、大功率、高效、高度集成化的方向发展。

一、液压传动系统的组成

液压传动系统主要由以下几个部分组成：能源装置、执行元件、控制调节元件、辅助元件及传动介质等。

能源装置是指液压泵，执行元件是指液压缸或液压马达，控制调节元件包括溢流阀、流量阀、换向阀等，辅助元件有油箱、过滤器、蓄能器、管件等，传动介质为液压油。

1. 传动介质

液压传动的工作介质是液体，最常用的是液压油，此外还有乳化型传动液和合成型传动液等。

（1）液压油的主要物理性质

① 矿物型液压油的密度随温度的上升而有所减小，随压力的提高而稍有增加，但变化值很小，可以认为基本不变。

② 液压油具有一定的黏性，其黏度随温度升高而下降。温度对液压油黏度影响较大，必须引起重视。

③ 对于一般液压系统，压力不高时液体的可压缩性很小，只有在压力很高的情况下，才需要考虑液体可压缩性的影响。当液体混入空气时，其可压缩性将明显增加，将影响液压系统的正常运行。

（2）液压油的选用

液压油类型及其牌号的选用应从液压系统的工作压力、运动速度及环境温度等方面来考虑。

② 工作压力：如工作压力较高的系统应选用黏度较大的液压油，以减少泄漏。

② 运动速度：如工作部件运动速度较高时，应选用黏度较小的液压油，以减小液流的摩擦损失。

③ 环境温度：如环境温度较高时，应选用黏度较大的液压油，以减少泄漏。

关于液压油型号及其黏度值的大小可查阅相关液压手册。

2. 辅助元件

液压系统中的辅助元件主要包括管件、密封元件、过滤器、蓄能器、测量仪表和油箱等。合理选择和使用辅助元件，以确保液压系统的可靠和稳定工作。其中：

（1）管件

油管是用于连接输送液压油和液压元件的。液压系统中所用的油管一般有钢管、铜管、尼龙管、塑料管、橡胶软管等。

管接头是油管与油管、油管与液压元件之间可拆卸的连接件。管接头的种类很多，分类的方法也很多。常用的管接头有扩口式、焊接式、卡套式、球型式、扣压式、可拆式、快接头等。

使用快接头，管子拆开后可自行密封，管路内的油液不会流失，适合于经常拆卸的场合。

（2）蓄能器

蓄能器可作为辅助动力源、保压和补充泄漏、缓和冲击、吸收压力脉动等之用。蓄能器主要有重锤式、弹簧式和充气式蓄能器三种，而最常用的是充气式蓄能器。

（3）油箱

油箱主要用于储存油液，同时还具有散热、分离油中的空气和杂质等作用。液压系统中的油箱分总体式油箱和分离式油箱两种。总体式油箱的结构紧凑、漏油易回收，但不便于维修和散热；分离式油箱是专门有一个独立的油箱，与主机分开的，广泛应用于组合机床、自动化生产线和精密机械设备上。

（4）压力表

液压系统各工作点的压力可通过压力表进行观测，以便调整和控制。压力表的种类很多，最常用的是弹簧弯管式压力表。

当压力油进入弹簧弯管时，管端产生变形，通过杠杆使扇形齿轮摆动，扇形齿轮与小齿轮啮合，小齿轮带动指针旋转，从刻度盘上读出压力值。

压力表上一般使用的单位为 kg.f/cm^2 和 psi。

二、液压传动基础知识

压力和流量是液压传动及其控制技术中最基本、最重要的两个技术参数。

1. 压力

（1）压力的概念及其表示方法

静止液体在单位面积 A 上所受到的法向力 F 称为静压力，用 p 表示，公式如下：

$$p=\frac{F}{A}$$

式中，p 为液体静压力，单位为 N/m^2 或 Pa。

液压系统中的压力就是指压强，液体压力通常有绝对压力、相对压力（也称表压力）、真空度三种表示方法。它们之间的关系如下：

① 绝对压力 = 大气压力+表压力；

② 表压力 = 绝对压力-大气压力；

③ 真空度 = 大气压力-绝对压力。

（2）帕斯卡原理

在密闭容器中的静止液体，当一处受到外力作用而产生压力时，这个压力将通过液体等值传递到液体内部的所有点，这就是静压传递原理，又称帕斯卡原理。

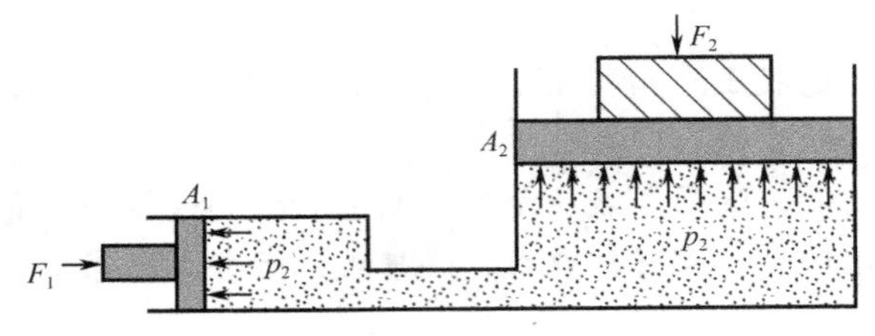

图 3-1-6 帕斯卡原理

如图 3-1-6 所示为相互连通的两个液压缸，在小活塞 A_1 施加一外力 F_1，在大活塞上产生作用力为 F_2。根据帕斯卡原理，有 p_1=p_2，则

$$\frac{F_1}{A_1}=\frac{F_2}{A_2} \text{或} F_2=F_1\frac{A_2}{A_1}$$

此式表明，只要 $\frac{A_2}{A_1}$ 足够大，用很小的力 F_1 就可产生很大的力 F_2。因此，液压装置具有力的放大作用，同时还可改变力的方向。液压千斤顶和压力机就是利用这个原理工作的。

2. 流量

（1）流量的概念及其表示方法

液体在管道内流动时，其垂直于流动方向的截面称为通流截面。单位时间内流过某一通流截面的液体体积称为流量，用 q 表示，单位为 m^3/s 或 L/min。

在实际工程计算中，一般取平均流速 $v=q/A$ 作为计算的依据。

（2）伯努利方程

液体在管道内作稳定流动时，具有压力能、位能和动能三种形式的能量，在任一通流截面处这三种能量可以相互转换，且总和保持不变，即能量守恒。用公式表示为

$$p+\rho gh+\frac{1}{2}\rho v^2=\text{恒量}$$

此式称为伯努利方程。

实际上，液体是具有黏性的，在管道内流动时会产生沿程压力损失和局部压力损失；在液压系统中，也会有液压冲击和空穴现象等许多不利因素存在。

三、液压传动系统的主要优缺点

1. 主要优点

（1）能实现较大范围的无级调速，使传动机构简化。

（2）传动装置体积小、重量轻，易于实现快速启动、制动和频繁的换向。

（3）采用油液作为工作介质，所以零件运动比较平稳，润滑性好、寿命也较长。

（4）操作简便省力，易于实现自动化。

（5）自锁性好，易于实现过载保护。

（6）液压元件大多数是标准化、系列化、通用化产品，便于设计和推广应用。

2. 主要缺点

（1）液压系统对温度变化较敏感，所以不宜在很高或很低温度条件下工作，且容易污染环境。

（2）因为液压系统不能避免油液泄漏，所以液压传动不能保证严格的传动比。

（3）由于存在着机械摩擦，液体压力和油液泄漏损失，因此，传动效率较低，不宜远距离传动。

（4）液压传动系统为密闭的系统，系统工作过程中发生故障时不易诊断和排除。

（5）由于液压元件的制造精度要求高，所以液压元件的成本高。

总而言之，随着机电一体化设备自动化程度的不断提高，液压元件在机电设备中的应用越来越广泛。液压元件呈小型化、系统集成化已成为发展的必然趋势。特别是液压技术与传感器技术、微电子技术的紧密结合，使得近年来出现了诸多新型元件，如电液比例阀、数字阀、电液伺服阀等。

液压传动技术正向着高压、大功率、低噪声、节能高效、集成化方向发展。

完成工作任务指导

一、工具与器材准备

1. 工具

活动扳手、内六角扳手、十字螺钉旋具、电工钳、尖嘴钳、电烙铁。

2. 器材

实训台、380V 交流电源、24V 电源模块、按钮模块、继电器模块、双作用单杆式油缸、双电控三位四通阀（H 型）、液控单向阀、先导溢流阀、单向阀、定量油泵、管件、压力表、液压油、油箱、连接导线、扎带。

二、控制回路的搭建

1. 任务分析

根据任务要求，油缸共有三个状态，即伸出、缩回、单向闭锁。三个状态对应于双电控三位四通阀的左位、右位及中位，由换向阀换向确定。

使用两个常开型按钮用于油缸伸出、缩回的控制；一个常闭型按下用于油缸的单向闭锁控制。

考虑到三位四通阀是双电控的，在电气控制电路中必须采用电气互锁。

2. 画电气控制原理图

根据工作任务所要示的控制，确定控制器件，并画出电气控制原理图。液控单向阀单向闭锁控制回路电气控制部分的工作原理图如图 3-1-7 所示。

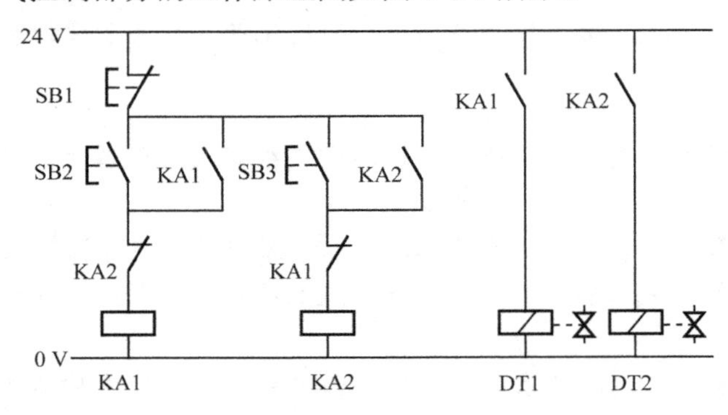

图 3-1-7 电气控制原理图

工作原理分析：打开液压泵电源。按下按钮 SB2，继电器 KA1、电磁线圈 DT1 依次得电，使三位四通阀处于左位，液压油经液控单向阀进入油缸无杆腔内，使油缸活塞杆伸出，油缸有杆腔的油液经换向阀回流至油箱。

若按下按钮 SB3，继电器 KA2、电磁线圈 DT2 依次得电，使三位四通阀处于右位，液压油经换向阀流入油缸有杆腔内，使活塞杆缩回。与此同时，液控单向阀有液控信号存在，油缸无杆腔内的油液经液控单向阀（无单向作用）、换向阀回流至油箱中。

油缸活塞杆伸出或缩回过程中按下停止按钮 SB1，继电器 KA1（或 KA2）失电，相应电磁线圈 DT1（或 DT2）也失电，使双电控三位四通阀（H 型）复位。液压油经单向阀直接回流至油箱，同时液控单向阀无液控信号，液控单向阀起单向作用。此时，油缸停止运动，并处于单向闭锁状态。

3. 控制回路的搭建

（1）液压回路的搭建

① 根据如图 3-1-1 所示的液压回路原理图，正确选择液压元件、辅助元件等。

② 检查液压元件等的质量，如油缸、控制阀类等动作是否灵活，油路是否畅通；检查油管有无破损或老化问题。

③ 合理布局元件位置并牢固安装，按液压回路原理图进行油路连接。

（2）电气控制回路的搭建

① 根据如图 3-1-7 所示的电气控制原理图，正确选择元件（或模块）。

② 检查元件或模块质量。

③ 合理布局元件或模块位置，按电气控制原理图进行电路连接。

三、控制回路的调试

1. 控制回路的调试方法与步骤如下:

（1）打开液压泵，调节合适的压力（压力表读数在 0.8～1.0MPa 范围）。

（2）打开电源，按下按钮 SB2（或 SB3），观察气缸的动作是否伸出（或缩回）。

（3）按下停止按钮 SB1，观察油缸是否停止运动且单向闭锁。

（4）完成实验后，关闭电源和液压泵，拆除油路和电路，整理实验台及环境卫生。

控制回路的搭建与调试过程如图 3-1-8 所示。

（a）安装液压元件

（b）连接液压回路

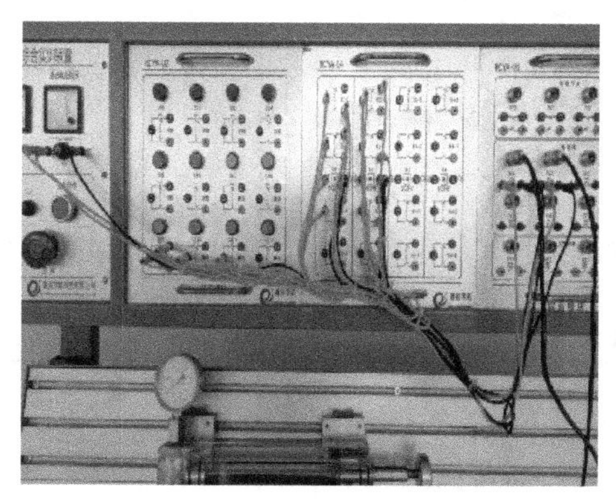

（c）连接控制电路

（d）调节压力

（e）活塞杆伸出

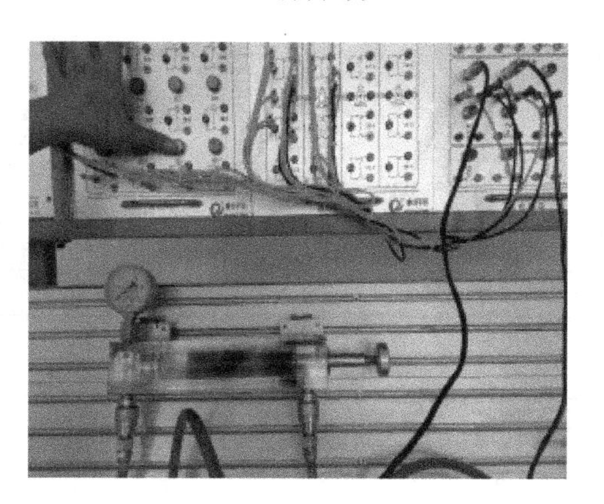

（f）活塞杆缩回

图 3-1-8　气动回路的搭建过程

2. 实验分析

根据实验现象，请你归纳总结，并将实验结论填写于各元件动作情况记录表 3-1-2 中。

表 3-1-2　各元件动作情况记录表

序号	按钮动作	液控单向阀状态	三位四通阀状态	油缸情况
1	按下 SB2			
2	按下 SB3			
3	按下 SB1			

四、工作任务评价表

请你填写液控单向阀闭锁控制回路的搭建工作任务评价表 3-1-3。

表 3-1-3　液控单向阀闭锁控制回路的搭建工作任务评价表

序号	评价内容	配分	评价细则	学生评价	老师评价
1	工具与器材准备	10	（1）工具少选或错选，扣 2 分/个； （2）器件少选或错选，扣 2 分/个		
2	液压回路搭建	40	（1）电气回路原理图未绘制，扣 10 分； （2）电气回路原理图绘制不正确，扣 5 分/处； （3）元件检查误检或漏检，扣 2 分/个； （4）元件安装位置不合理，扣 2 分/只； （5）元件安装不牢固，扣 2 分/只； （6）油管线管布局不合理，扣 2 分/条； （7）电气线路连接工艺不规范、不牢固，扣 2 分/条		
3	控制回路调试	40	（1）液压值等参数设置不合理，扣 5 分/个； （2）打开液压泵后，发现有漏油现象，扣 5 分/次； （3）按下按钮 SB2，油缸不伸出，扣 10 分/次； （4）按下按钮 SB3，油缸不缩回，扣 10 分/次； （5）按下停止按钮，油缸无法闭锁，扣 5 分		
4	职业与安全意识	10	（1）未经允许擅自操作，或违反操作规程，扣 5 分/次； （2）工具与器材等摆放不整齐，扣 3 分； （3）损坏工具，或浪费材料，扣 5 分； （4）完成任务后，未及时清理工位，扣 5 分； （5）严重违反安全操作规程，取消考核资格		
合计		100			

思考与练习

一、填空题

1．液压泵是液压系统的__________元件，它是一种将__________转换成__________的能量转换装置。

2．液压泵的工作原理就是依靠密封__________的变化，实现__________过程和__________过程的交替。

3．液压泵按结构形式的不同，可分为__________、__________和__________等。

4．液压缸是液压系统中的__________元件，其作用是将__________能转化为__________能，以驱动外部工作部件。

5．液压缸的结构基本上可以分为__________、__________、__________、__________及__________等五个部分。按其结构形式的不同，液压缸可分为__________液压缸、__________液压缸和__________液压缸。

6．液压传动系统主要由__________、__________、__________、__________及__________等组成。

7．压力表上单位换算：1kg.f/cm^2=__________psi。

二、简答题

1．简述液压传动系统的主要优缺点。

2．试比较液压与气压传的不同点。

3．液压千斤顶的工作原理图如图 3-1-9 所示，请简述其工作原理。

4．简要说明图 3-1-1 中先导溢流阀、单向阀的作用。

三、实操题

如图 3-1-10 所示为采用 O 型换向阀液压回路。控制要求：按下按钮 SB2，油缸伸出；按下按钮 SB3，油缸缩回；按下按钮 SB1，油缸停止运动。请你回答以下问题：

（1）液压回路原理图中的元件名称分别是什么？

（2）设计电气控制原理图，并分析控制回路工作原理。

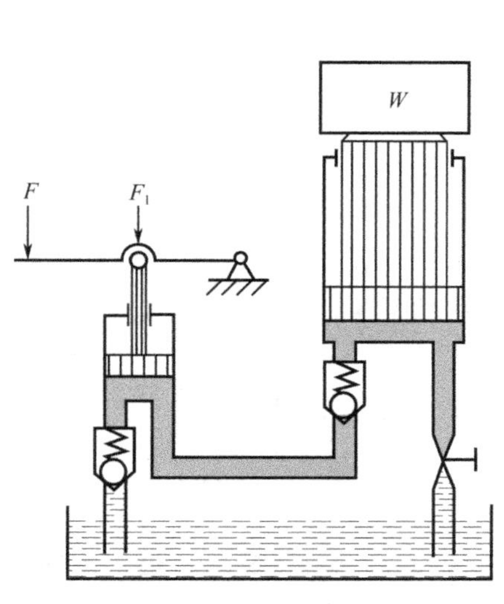

图 3-1-9　液压千斤顶原理图

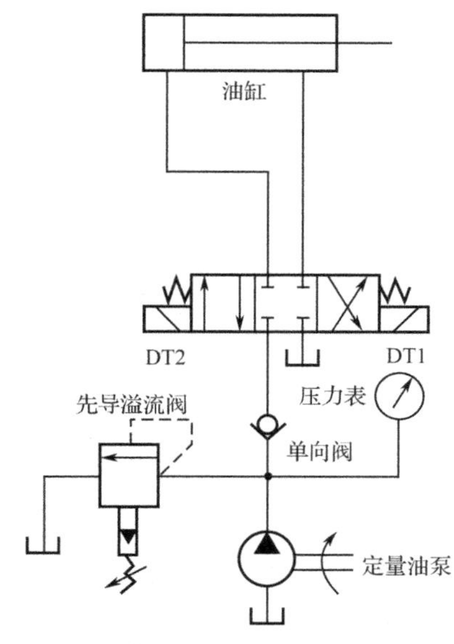

图 3-1-10　采用 O 型换向阀液压回路

任务 3-2 双油缸顺序动作控制回路的搭建

工作任务

采用顺序阀的顺序动作液压回路原理图如图 3-2-1 所示。顺序动作的工作要求：按下按钮 SB2，油缸 1 伸出→油缸 2 伸出；若按下按钮 SB3，则油缸 2 缩回→油缸 1 缩回。当按下停止按钮 SB1 时，油缸停止运动。请你完成以下工作任务：

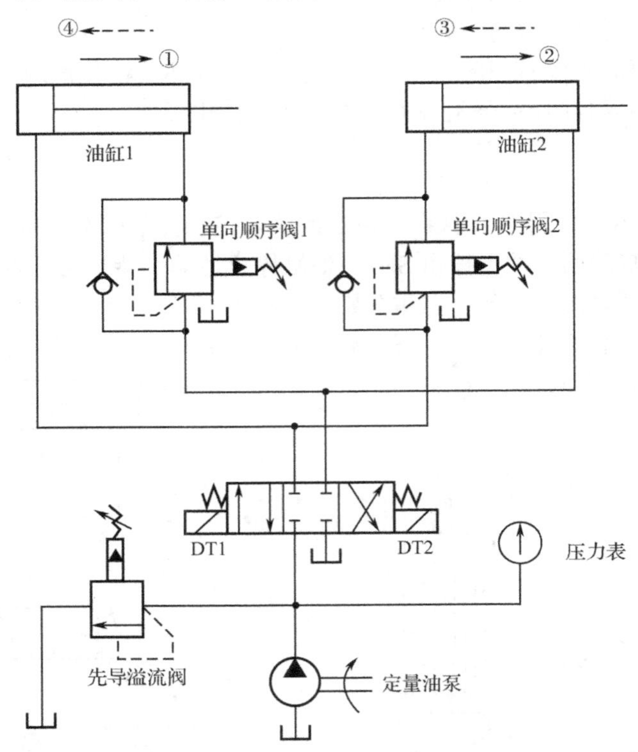

图 3-2-1 采用顺序阀的顺序动作液压回路原理图

（1）根据液压回路原理图，正确选择液压元件，并检查各元件的质量。

（2）将液压元件固定在实训装置上，按原理图完成油路连接。

（3）根据控制要求，设计并绘制继电器控制原理图，再按原理图完成电路连接。

（4）调试控制回路，使双油缸顺序动作达到控制要求。

相关知识

调节与控制液压系统中油液的压力或利用油液压力作为信号控制其他元件动作的阀称为压力控制阀。常见的压力控制阀按功用分为溢流阀、减压阀、顺序阀和压力继电器等。

一、溢流阀

溢流阀是通过其阀口的溢流，使液压系统或回路中的压力维持恒定，从而实现稳压、调压或限压的作用。溢流阀按其结构和工作原理进行分类，可分为直动式溢流阀和先导式溢流阀。

1. 直动式溢流阀

如图 3-2-2 所示为直动式溢流阀。压力油从进油口进入作用于阀芯底部油腔形成一个向上的液压力。当油压不高时，阀芯在调压弹簧的作用下处于最下端位置，阀口被阀芯封闭，阀不溢流。而当油压升高，且液压力大于调压弹簧力时，阀芯向上移动，阀口开启，多余的油液经出油口溢回油箱，实现溢流作用。

调节螺母可以改变调压弹簧的压紧力，即可调节系统的压力。这种溢流阀主要用于低压或小流量场合。

2. 先导式溢流阀

如图 3-2-3 所示为先导式溢流阀。先导式溢流阀由先导调压阀和溢流主阀两部分组成，当进油口油压较低时，不能打开先导调压阀，锥阀关闭，主阀芯处于最下端位置，将溢流口封闭，阀不溢流。当进油口油压升高至可以打开先导调压阀时，主阀芯上移，溢流口打开，实现溢流作用。先导式溢流阀常用在压力较高或流量较大的场合。

溢流阀还可作安全阀、背压阀、远程调压回路之用。

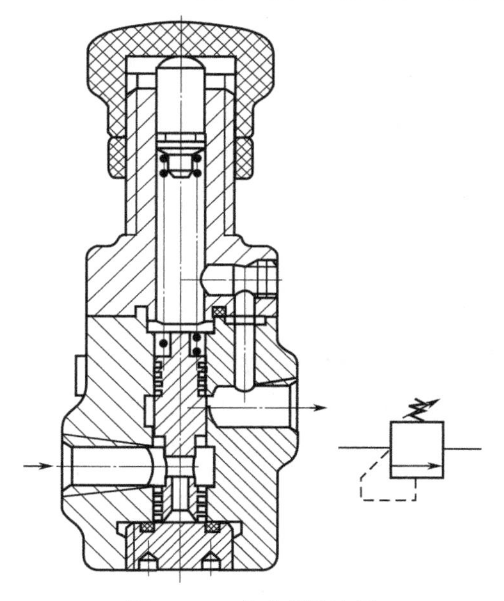

图 3-2-2　直动式溢流阀

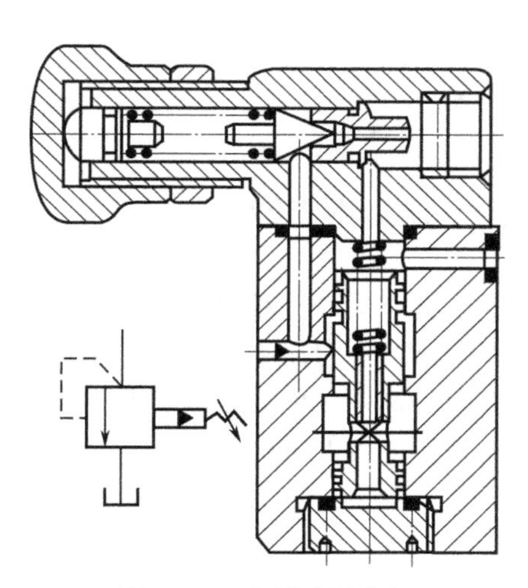

图 3-2-3　先导式溢流阀

二、减压阀

减压阀是一种利用液流通过缝隙产生压力降的原理，使出口压力低于进口压力的压力控制阀。根据结构和原理，减压阀也有直动式和先导式两种，而先导式减压阀应用较多。

减压阀的图形符号如图 3-2-4 所示。

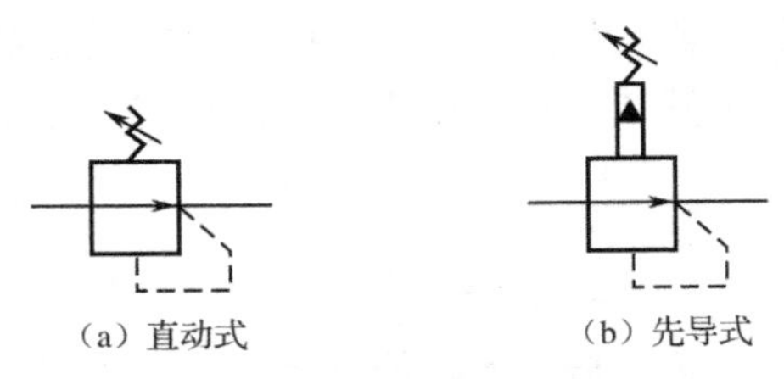

图 3-2-4　减压阀图形符号

三、顺序阀

顺序阀是以压力为控制信号，自动接通或切断某油路的压力阀，常用它来控制各执行元件动作的先后顺序。

顺序阀的结构和工作原理与溢流阀相似。当进口压力低于调定压力时，阀口关闭；当进口压力超过调定值时，进、出油口接通，出口的压力油使其后面的执行元件动作。出口油路的压力由负载决定，因此它的泄油口需要单独接回油箱。调节弹簧的预紧力，即能调节打开顺序阀所需的压力。

顺序阀的图形符号如图 3-2-5 所示。

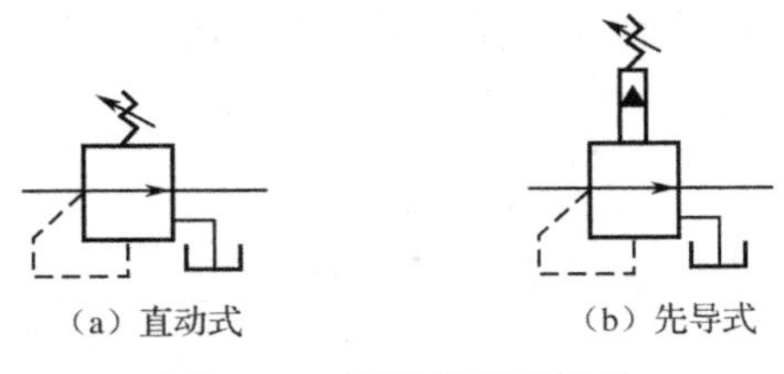

图 3-2-5　顺序阀图形符号

四、压力继电器

压力继电器是一种将油液的压力信号转换成电信号的电液控制元件。当油液压力达到压力继电器的调定压力时，即发出电信号，以控制电磁铁、继电器等元件动作，使油路卸压、换向，执行元件实现顺序动作，或使系统停止工作，起安全保护作用等。

压力继电器的结构及图形符号如图 3-2-6 所示。

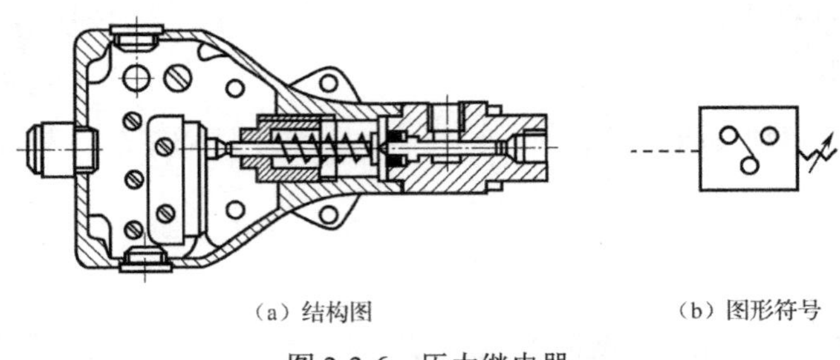

图 3-2-6　压力继电器

采用压力继电器的顺序动作液压回路如图 3-2-7 所示。若二位四通换向阀电磁线圈 DT1 得电，油缸 1 活塞伸出，当油液压力升高至一定数值使压力继电器常开触点（K）闭合时，接通二位四通换向阀电磁线圈 DT2，使换向阀 DT2 换向，油缸 2 活塞伸出，完成双油缸的顺序动作。

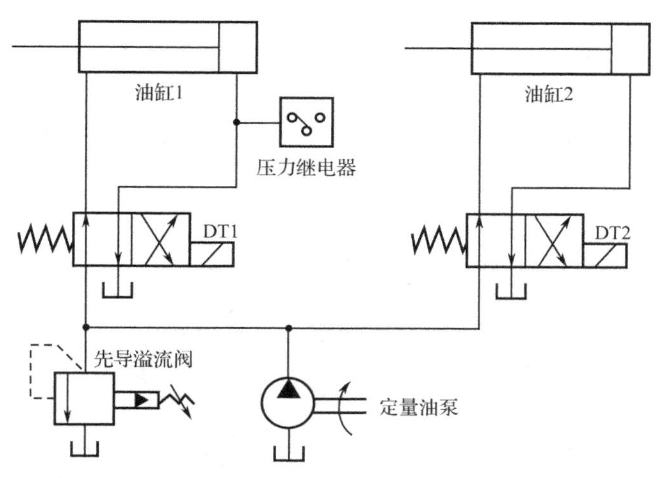

图 3-2-7　采用压力继电器的顺序动作回路

当电磁线圈 DT1、DT2 同时失电，两个油缸同时缩回。

除此之外，利用顺序阀、或行程开关也可以实现两个油缸的顺序动作控制。

阅读材料

液压马达

液压马达是液压系统中另一种执行元件，它的作用是将液体的压力能转换为机械能，并且输出机械转矩和转速。

一、液压马达的工作原理

1. 液压马达的分类及图形符号

液压马达按其结构可分为齿轮式、叶片式和柱塞式三大类；还可以分为定量马达、变量马达；高速和低速液压马达等。

液压马达的图形符号如表 3-2-1 所示。

表 3-2-1　液压马达的图形符号

图形符号				
名称	单向定量	双向定量	单向变量	双向变量

2. 液压马达的工作原理

如图 3-2-8 所示为叶片式液压马达的工作原理图。当液压油进入压油腔后，在叶片 1、3（或 5、7）上，一面作用有压力油，另一面则为低压回油。由于叶片 1、5 受力面积大于叶片 3、7，所以液体作用于叶片 1、5 上的作用力大于作用于叶片 3、7 上的作用力，从而由叶片受力差构成的力矩推动转子和叶片进行顺时针方向旋转。当输油方向改变时，液压马达就反转。

叶片式马达的体积小、转动惯性小，动作灵活，一般用于转速高、转矩小和动作灵敏的场合。

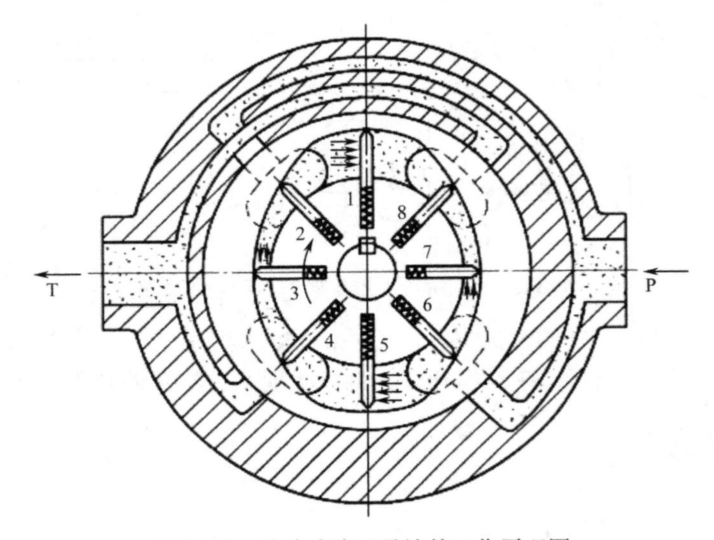

图 3-2-8　叶片式液压马达的工作原理图

二、液压马达的优缺点

与气动马达相比较，液压马达的主要优缺点是：

1. 优点

（1）速度稳定性较好；
（2）输出功率大，效率较高，耗油量小；
（3）噪声小，不容易产生振动。

2. 缺点

（1）油液泄漏，容易造成污染环境，且防爆性能差；
（2）不能长期满载工作，且受温升影响较大；
（3）结构复杂，维修较困难，且成本高。

完成工作任务指导

一、工具与器材准备

1. 工具

活动扳手、内六角扳手、十字螺钉旋具、电工钳、尖嘴钳、电烙铁。

2. 器材

实训台、380V 交流电源、24V 电源模块、按钮模块、继电器模块、双作用单杆式油缸、双电控三位四通阀（O 型）、单向顺序阀、先导溢流阀、定量油泵、管件、压力表、液压油、油箱、连接导线、扎带。

二、控制回路的搭建

1. 任务分析

根据任务要求，油缸共有三个状态，即伸出、缩回、双向闭锁。三个状态对应于双电控三位四通阀的左位、右位及中位，由换向阀换向确定。

油缸伸出的顺序为油缸 1→油缸 2，必须在油缸 2 无杆腔前加一单向顺序阀 2；油缸缩回的顺序为油缸 2→油缸 1，必须在油缸 1 有杆腔前加一单向顺序阀 1。

使用两个常开型按钮用于油缸伸出、缩回的控制；一个常闭型按下用于油缸的停止（双向闭锁）控制。

考虑到三位四通阀是双电控的，在电气控制电路中必须采用电气互锁。

2. 画电气控制原理图

根据工作任务所要示的控制，确定控制器件，并画出电气控制原理图。采用顺序阀的顺序动作控制回路电气控制部分的工作原理图如图 3-2-9 所示。

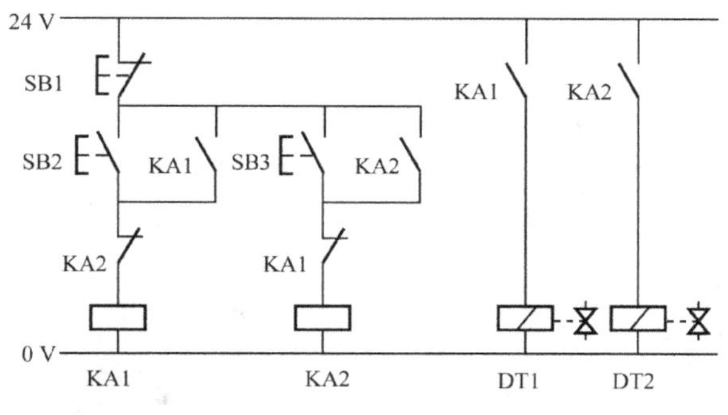

图 3-2-9 电气控制原理图

工作原理分析：打开液压泵，电源。按下按钮 SB2，继电器 KA1、电磁线圈 DT1 依次得电，使三位四通阀处于左位，液压油经换向阀进入油缸 1 无杆腔内，使油缸 1 伸出。当油液压力上升至打开单向顺序阀 2 时，油缸 2 才伸出，完成油缸伸出顺序动作。油缸 1、油缸 2 有杆腔的油液经单向阀回流至油箱。

若按下按钮 SB3，继电器 KA2、电磁线圈 DT2 依次得电，使三位四通阀换向并处于右位，液压油经换向阀进入油缸 2 有杆腔内，使油缸 2 缩回。当油液压力上升至打开单向顺序阀 1 时，油缸 2 才缩回，完成油缸缩回顺序动作。油缸 1、油缸 2 无杆腔的油液回流至油箱。

按下按钮 SB1，继电器 KA1（或 KA2）失电，相应电磁线圈 DT1（或 DT2）也失电，使双电控三位四通阀（O 型）回复原位，密封两个油缸的进、出口（双向闭锁）。油缸活塞停止运动。

3. 控制回路的搭建

（1）液压回路的搭建

① 根据如图 3-2-1 所示的液压回路原理图，正确选择液压元件、辅助元件等。

② 检查液压元件等的质量，如油缸、控制阀类等动作是否灵活，油路是否畅通；检查油管有无破损或老化问题。

③ 合理布局元件位置并牢固安装，按液压回路原理图进行油路连接。

（2）电气控制回路的搭建

① 根据如图 3-2-9 所示的电气控制原理图，正确选择元件（或模块）。

② 检查元件或模块质量。

③ 合理布局元件或模块位置，按电气控制原理图进行电路连接。

三、控制回路的调试

1. 控制回路的调试方法与步骤如下:

（1）打开液压泵，调节合适的压力（压力表读数在 0.8～1.0MPa 范围）。

（2）打开电源，按下按钮 SB2（或 SB3），观察气缸的动作顺序是否正确。

（3）按下停止按钮 SB1，观察油缸是否停止运动。

（4）完成实验后，关闭电源和液压泵，拆除油路和电路，整理实验台及环境卫生。

控制回路的搭建与调试过程如图 3-2-10 所示。

2. 实验分析

根据实验现象，请你归纳总结，并将实验结论填写于各元件动作情况记录表 3-2-2 中。

（a）安装液压元件

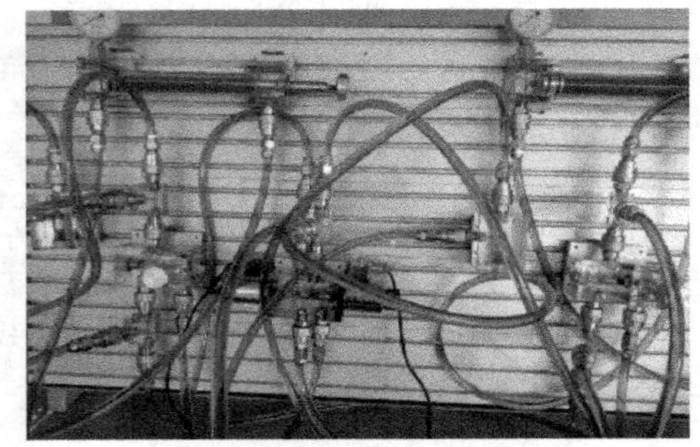

（b）连接液压回路

图 3-2-10　控制回路的搭建与调试过程

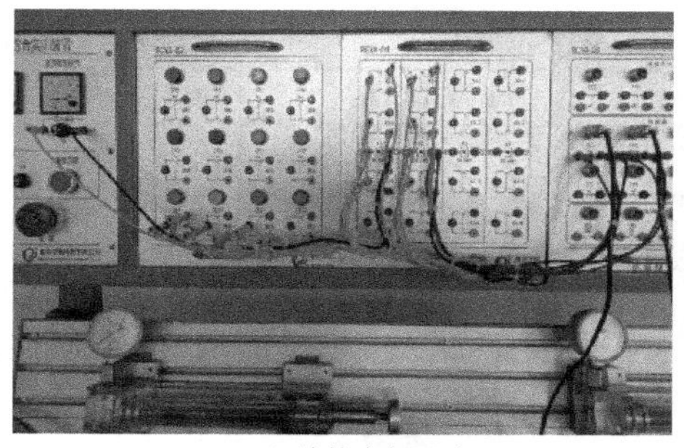

（c）连接电气回路

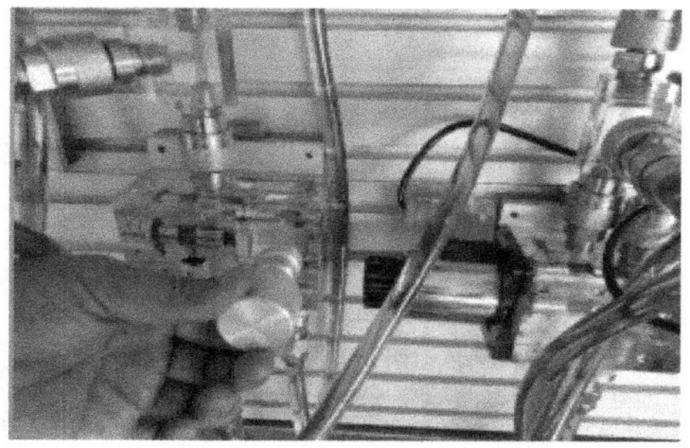

（d）调节顺序阀

（e）活塞杆伸出顺序

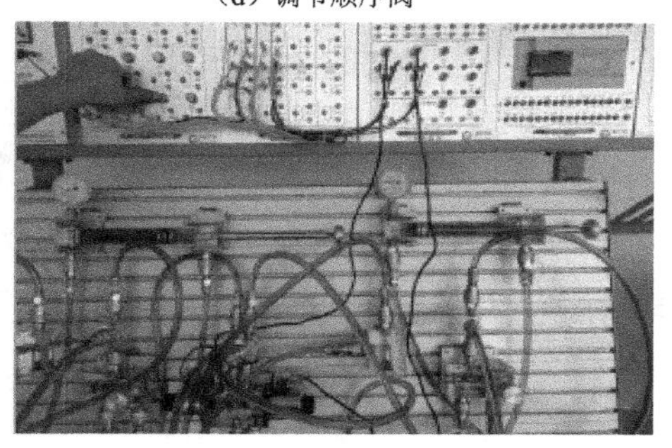

（f）活塞杆缩回顺序

图 3-2-10　控制回路的搭建与调试过程（续）

表 3-2-2　各元件动作情况记录表

序号	按钮动作	单向顺序阀 1、2	三位四通阀状态	油缸 1、2 情况
1	按下 SB2			
2	按下 SB3			
3	按下 SB1			

四、工作任务评价表

请你填写双油缸顺序动作控制回路的搭建工作任务评价表 3-2-3。

表 3-2-3　双油缸顺序动作控制回路的搭建工作任务评价表

序号	评价内容	配分	评价细则	学生评价	老师评价
1	工具与器材准备	10	（1）工具少选或错选，扣 2 分/个； （2）器件少选或错选，扣 2 分/个		
2	液压回路搭建	40	（1）电气回路原理图未绘制，扣 10 分； （2）电气回路原理图绘制不正确，扣 5 分/处； （3）元件检查误检或漏检，扣 2 分/个； （4）元件安装位置不合理，扣 2 分/只； （5）元件安装不牢固，扣 2 分/只； （6）油管线管布局不合理，扣 2 分/条； （7）电气线路连接工艺不规范、不牢固，扣 2 分/条		

续表

序号	评价内容	配分	评价细则	学生评价	老师评价
3	控制回路调试	40	（1）液压值等参数设置不合理，扣5分/个； （2）打开液压泵后，发现有漏油现象，扣5分/次； （3）按下按钮SB2，油缸伸出顺序不正确，扣10分/次； （4）按下按钮SB3，油缸缩回顺序不正确，扣10分/次； （5）按下停止按钮SB1，油缸无法停止，扣5分		
4	职业与安全意识	10	（1）未经允许擅自操作，或违反操作规程，扣5分/次； （2）工具与器材等摆放不整齐，扣3分； （3）损坏工具，或浪费材料，扣5分； （4）完成任务后，未及时清理工位，扣5分； （5）严重违反安全操作规程，取消考核资格		
合计		100			

思考与练习

一、填空题

1. 调节与控制液压系统中油液的__________或利用油液压力作为__________控制其他元件动作的阀称为压力控制阀。它可分为__________、__________、__________和__________等。

2. 溢流阀是通过其阀口的溢流，使液压系统或回路中的__________维持恒定，从而实现稳压、调压或限压的作用。溢流阀可分为__________和__________。

3. 顺序阀是以__________为控制信号，自动接通或切断某油路的压力阀，常用它来控制各执行元件动作的__________。其结构及工作原理与__________阀相似。

4. 液压马达是属于液压系统的________元件，其作用是将液体的__________能转换为________能，并且输出__________和__________。

5. 液压马达按其结构可分为__________式、_________式和_________式液压马达等。

6. 写出下例图形符号的元件名称。

__________　__________　__________　__________

二、简答题

1. 试比较溢流阀与减压阀的不同点。
2. 试比较顺序阀与溢流阀的不同点。
3. 与气动马达比较，液压马达有哪些主要优缺点？

三、实操题

采用行程开关的顺序动作液压回路原理图如图 3-2-11 所示。控制要求：按下启动按钮 SB1，油缸 1 伸出，伸出到位后（SQ2 动作），油缸 2 伸出。油缸 2 伸出到位后（SQ3 动作），油缸 1 缩回。当油缸 1 缩回到位（SQ1 动作）时，油缸 2 开始缩回，工作过程结束。采用 PLC 控制，请你完成控制回路的搭建与调试任务，并回答：

（1）根据控制要求，设计并绘制 PLC 电气控制原理图。

（2）根据控制要求，编写 PLC 程序。

（3）调试该控制回路，并实现控制要求的顺序动作。

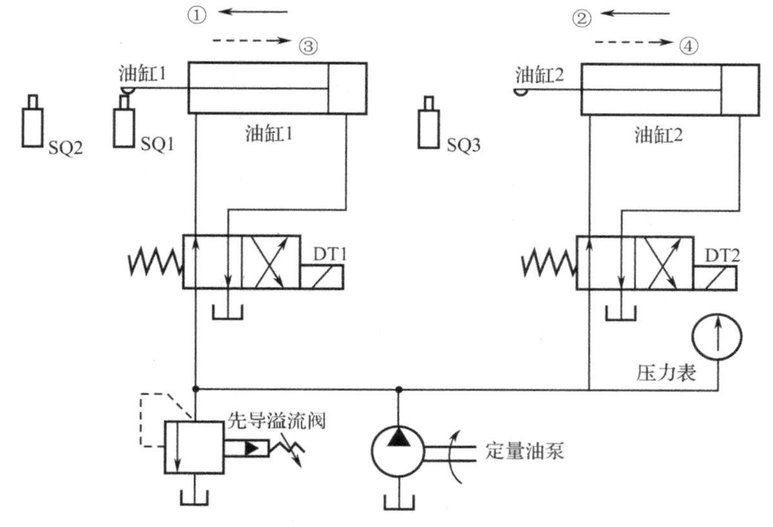

图 3-2-11　采用行程开关的顺序动作液压回路

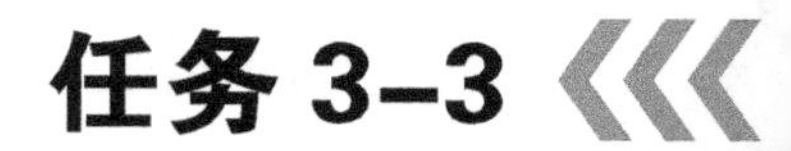

任务 3-3

调速阀并联调速 PLC 控制回路的搭建

工作任务

采用调速阀并联的调速控制液压回路原理图如图 3-3-1 所示。控制要求：按钮开关 SB1、SB2 分别控制二位四通换向阀 DT1 电磁线圈的得电与失电；按钮开关 SB3、SB4 分别控制二位四通换向阀 DT2 电磁线圈的得电与失电。选择按钮动作，即可实现油缸快进快退、快进慢退、慢进快退、慢进慢退等 4 种速度组合模式的控制。采用 PLC 控制模式，请你完成以下工作任务：

（1）根据液压回路原理图，正确选择液压元件，并检查各元件的质量。

（2）将液压元件固定在实训装置上，按原理图完成油路连接。

（3）根据控制要求，设计并绘制 PLC 电气控制原理图，再按原理图完成电路连接。

（4）调试控制回路，使油缸进（伸出）、退（缩回）速度达到控制要求。

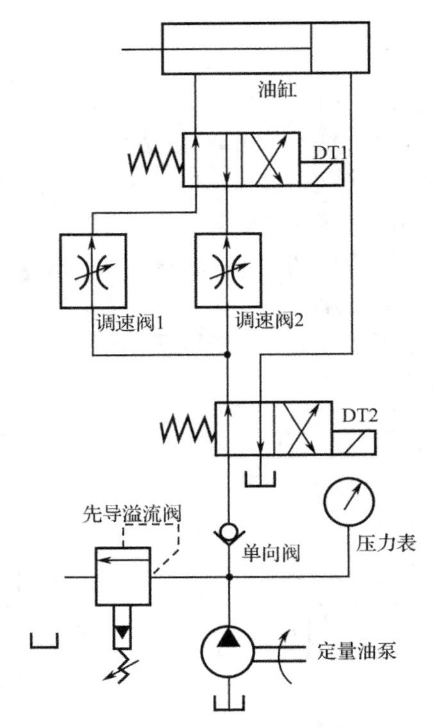

图 3-3-1　采用调速阀并联液压回路原理图

相关知识

液压系统中执行元件运动速度的快慢，由输入执行元件的油液流量的大小来决定。流量控制阀就是靠改变阀口通流面积的大小来调节阀口的流量的。流量控制阀有若干种，其中最主要的是节流阀、调速阀。

一、节流口

1. 节流口的结构形式

流量阀中常用的几种典型节流口的形式及作用如表 3-3-1 所示。

表 3-3-1　几种典型节流口的形式及其作用

名称	结构示意图	作用说明
针阀式		结构简单，但通道较长，易堵塞，流量受油温影响较大，一般应用于性能要求不高的场合

续表

名称	结构示意图	作用说明
偏心槽式		其性能与针阀式节流口相同，其缺点是阀芯上的径向力不平衡，使阀芯转动费力，一般用于压力较低、流量大和流量稳定性要求不高的场合
轴向三角槽式		其结构简单，水力直径中等，可得到较小的稳定流量，油温变化对流量有一定的影响，目前被广泛使用
周向缝隙式		阀口做成薄刃形，通道短，水力直径大，不易堵塞，油温变化对流量影响小，其性能接近于薄壁小孔，适用于低压小流量的场合
轴向缝隙式		节流口接近于薄壁孔，通流性能较好，油温变化对流量稳定性影响很小，应用于流量较高的场合

2. 影响节流口流量稳定性的因素

通过节流口的流量不但与节流口通流面积有关，而且还和节流口前后的压力差、油温以及节流口形状等因素有关。

（1）节流阀两端压力差变化时，通过它的流量也要发生变化。

（2）油温影响到油液的黏度，所以油温变化，流量也会跟着变化。

（3）水力直径越大，节流口的抗堵塞性能越好，阀在小流量下的稳定性越好。但是，节流口可能因油液中的杂质或由于油液氧化后析出的胶质、沥青等而造成局部堵塞，改变了节流口通流面积的大小，使流量发生变化。

二、节流阀

如图 3-3-2 所示为一种普通节流阀的结构和图形符号。这种节流阀的节流通道呈轴向三角槽式，压力油从进油口 P_1 进入，经阀芯上的三角槽节流口，从出油口 P_2 流出。调节手柄可通过推杆推动阀芯做轴向移动，以改变节流口的通流面积来调节流量。这种节流阀的进出油口可互换。

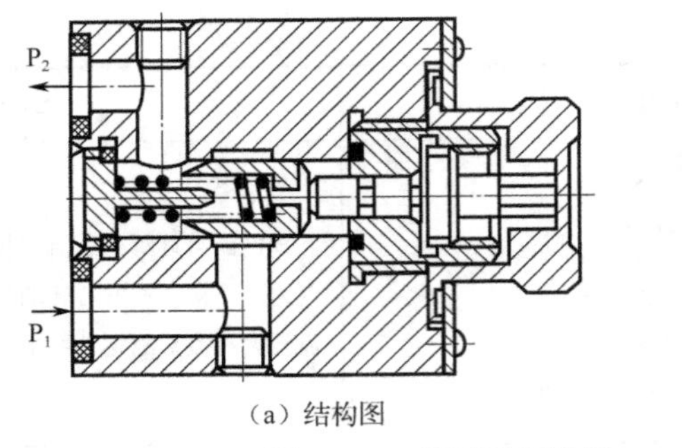

（a）结构图　　（b）图形符号

图 3-3-2　普通型节流阀

普通节流阀的结构简单、体积小，但负载和温度的变化对流量的稳定性影响较大，因此只适用于负载和温度变化不大或速度稳定性要求不高的液压系统中。

节流阀是结构最简单的流量控制阀，它还常与其他阀组合，形成单向节流阀、行程节流阀等。节流阀常用于节流调速回路、负载阻尼回路、压力缓冲回路中。

三、调速阀

1. 调速阀的工作原理

由于负载变化会引起节流阀两端压力差的变化，进而引起节流阀的流量变化，从而使执行元件的运动速度不稳定。这了解决这一问题，通常要对节流阀进行压力补偿，即采取措施保证负载变化时，节流阀前后压力差不变。压力补偿方式之一为由定差减压阀串联节流阀组成的调速阀。

如图 3-3-3 所示为调速阀的结构图、详细图形符号及简化符号，在节流阀前面串联一个定差减压阀组合成调速阀。当压力油 p_1 进入调速阀后，先经过定差减压阀产生一次压力降后为 p_2，然后经节流阀流出，其压力为 p_3，p_3 的压力油又经反馈通道作用到减压阀的上腔 a。节流阀前的压力油 p_2 经通道进入减压阀的另外两个腔 b、c 中。减压阀的阀芯在弹簧力、油液压力 p_2、p_3 下处于某一平衡位置。

当负载增加时，p_3 增加，阀芯下移至新的平衡位置，使阀口增大，其减压能力降低，p_2 也相对增加，但差值（p_2-p_3）基本保持不变，反之亦然。

总之，无论调速阀进口压力、出口压力发生变化时，由于定差减压阀的自动调节作用，使节流阀前、后压差保持不变，从而保证出口流量基本稳定。

2. 调速阀的应用回路

如图 3-3-4 所示为采用调速阀串联的调速回路。当二位二通换向阀 DT2 得电时，阀位于左位，液压油须经调速阀 2、调速阀 1，进入油缸无杆腔内；当 DT2 失电时，阀位于右位，液压油只经调速阀 2，进入油缸无杆腔内。只要调节调速阀 2 的开口度比调速阀 1 来得大，油缸就可以以两种不同的运动速度进行工作。

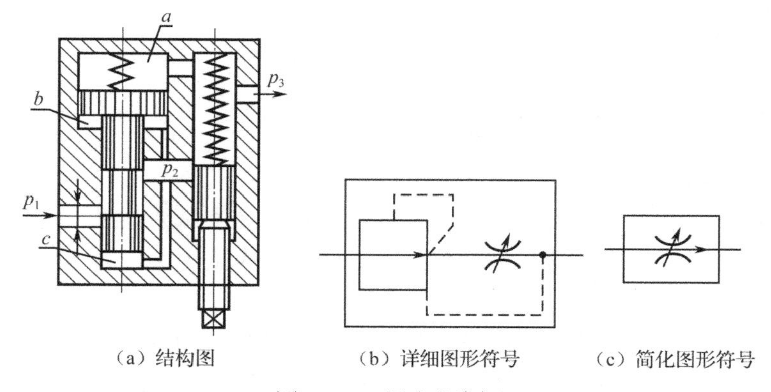

（a）结构图 （b）详细图形符号 （c）简化图形符号

图 3-3-3 调速节流阀

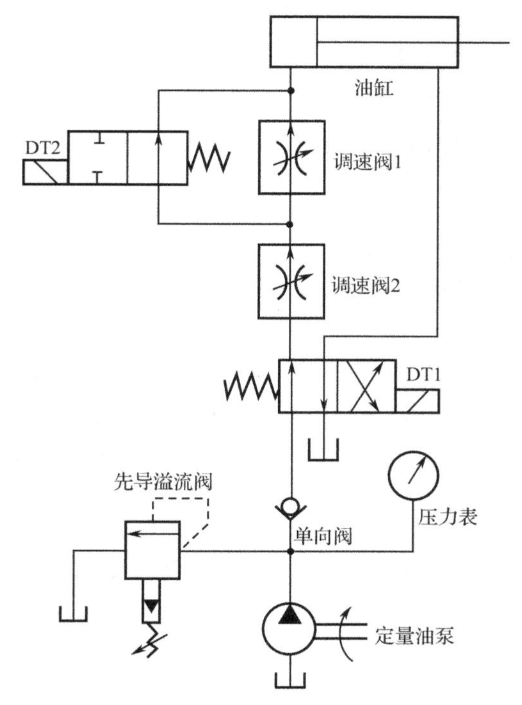

图 3-3-4 采用调速阀串联的调速回路

阅读材料

液压传动系统的安装使用与维护

液压系统的安装与调试是液压设备能否正常工作、可靠运行的一个重要环节。若系统的安装工艺不合理，或出现安装错误，以及系统的有关参数设置不合理等，都将会使液压系统无法正常运行，甚至造成重大事故的发生。

一、液压系统的安装

液压系统由各种液压元件、辅助元件等组成，各元件之间由管路、管接头、连接体等零件有机地连接起来，最后组成为一个完整的液压系统。

1. 液压装置的配置

液压装置的结构形式有集中式和分散式两种。

（1）集中式结构

将液压系统的动力源、阀元件等集中安装在主机外的液压泵站上，这种结构具有安装与维修方便、能消除动力源振动和油温对主机工作的影响等优点。

（2）分散式结构

将液压系统的动力源、阀元件分散在设备各处，这种结构具有结构紧凑，占地面积小等优点；但是，动力源的振动、发热等都对设备的工作精度会产生不良影响。

2. 液压阀的连接

液压阀的连接方式有管式连接、板式连接、集成块式及叠加阀式等。其中，管式连接因为结构分散，所占空间较大等缺点，所以目前很少采用。叠加阀式具有结构紧凑、体积小、元件标准化等优点，所以目前得到广泛应用。

3. 液压系统的安装

（1）安装前的准备工作

认真分析液压系统图、管道连接图及液压元件的使用说明书；按图样正确选择元器件，并认真检查器件的质量。

（2）液压元件的安装

安装泵、阀时，必须注意各油口的位置，不能接错，各油口要固紧密封，不漏油；换向阀一般应水平安装，油缸的安装应保证活塞的轴线与运动部件导轨面平行度。

（3）管路的安装

管路布置要整齐、短而平直，弯管的最小半径应不小于管外径的 3 倍；泵的吸油高度要小于 0.5m；吸油管与回油管不能离太近；回油管应插入油面以下足够的深度，以免油液飞溅而形成气泡。

二、液压系统的调试

液压系统的调试分空载调试和负载调试过程。空载调试的目的是全面检查液压系统各回路、各元件工作是否正常，工作循环或各种动作的自动转换是否符合要求。而负载调试则是在规定负载工况下运行，进一步检查系统能否满足各种参数和性能要求。

三、液压系统的使用与维护

1. 液压系统的使用

液压系统的使用中，应注意保持油液的清洁，随时清除液压系统中的空气；油箱油温一般控制在 30～60℃；设备长时间不使用，应将各调节旋钮全部放松，防止弹簧永久变形而影响性能。

2. 液压系统的维护

液压系统的维护分三个阶段：日常维护、定期维护及综合检查。各阶段的维护项目及要求如表 3-3-2 所示。

表 3-3-2　液压系统的维护

维护分级	维护项目
日常维护	日常维护主要可通过目视、耳听、手摸简单方式，检查油量、油温、压力、漏油、噪声及振动等情况
定期维护	定期维护的内容包括调查日常维护中发现的问题，分析并提出解决方案，必要时进行分解检修。定期检查的时间通常为 2～3 个月
综合检查	检查对象主要为各元件及部件，判断其性能和寿命，并对经常发生故障的部位要提出改进意见和措施，要做好综合检查的记录。综合检查的时间大约为一年一次

完成工作任务指导

一、工具与器材准备

1. 工具

活动扳手、内六角扳手、十字螺钉旋具、电工钳、尖嘴钳、电烙铁。

2. 器材

实训台、380V 交流电源、24V 电源模块、按钮模块、双作用单杆式油缸、单电控二位四通阀、调速阀、先导溢流阀、定量油泵、管件、压力表、液压油、油箱、连接导线、扎带。

二、控制回路的搭建

1. 任务分析

根据任务要求，油缸的伸出（进）与缩回（退）由两个按钮控制，进、退速度由另两个按钮控制，速度大小由两个调速阀来调节。

二位四通阀 DT1 控制两个调速阀之一接通到液压回路中；二位四通阀 DT2 控制油缸的伸出与缩回。

2. 画电气控制原理图

根据工作任务所要示的控制，确定控制器件，并画出 PLC 控制电气控制原理图。PLC 电气控制部分的工作原理图如图 3-3-5 所示。

工作原理分析：打开液压泵，电源。按下按钮 SB1，通过 PLC 控制使电磁线圈 DT1 得电，二位四通阀位于右位，经换向阀选择了调速阀 2 接通于液压回路中。同理，按下 SB2，通过 PLC 控制，使 DT1 失电，调速阀 1 接通到液压回路中。

按下按钮 SB3，通过 PLC 控制，使电磁线圈 DT2 得电，二位四通阀工作于右位，液压油经换向阀进入油缸无杆腔内，使活塞伸出。当按下按钮 SB4，通过 PLC 控制，使 DT2 失电，油缸缩回。

根据工作任务所要求的控制，编写 PLC 控制程序。（请读者自行编写）

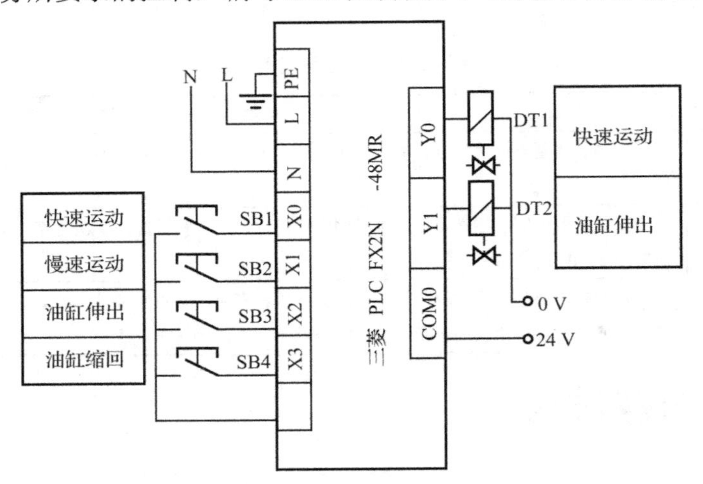

图 3-3-5　PLC 电气控制原理图

3．控制回路的搭建

（1）液压回路的搭建

① 根据如图 3-2-1 所示的液压回路原理图，正确选择液压元件、辅助元件等。

② 检查液压元件等的质量，如油缸、控制阀类等动作是否灵活，油路是否畅通；检查油管有无破损或老化问题。

③ 合理布局元件位置并牢固安装，按液压回路原理图进行油路连接。

（2）电气控制回路的搭建

① 根据如图 3-3-5 所示的 PLC 电气控制原理图，正确选择元件（或模块）。

② 检查元件或模块质量。

③ 合理布局元件或模块位置，按电气控制原理图进行电路连接。

三、控制回路的调试

1．控制回路的调试方法与步骤如下：

（1）打开液压泵，调节合适的压力（压力表读数在 0.8～1.0MPa 范围）；调速阀设定合适值。

（2）打开电源，按下按钮 SB3（或 SB4），观察气缸的动作是否正确。

（3）按下按钮 SB1、SB2，观察油缸运动速度是否正确。

（4）完成实验后，关闭电源和液压泵，拆除油路和电路，整理实验台及环境卫生。

控制回路的搭建与调试过程如图 3-3-6 所示。

2．实验分析

根据实验现象，请你归纳总结，并将实验结论填写于各元件动作情况记录表 3-3-3 中。

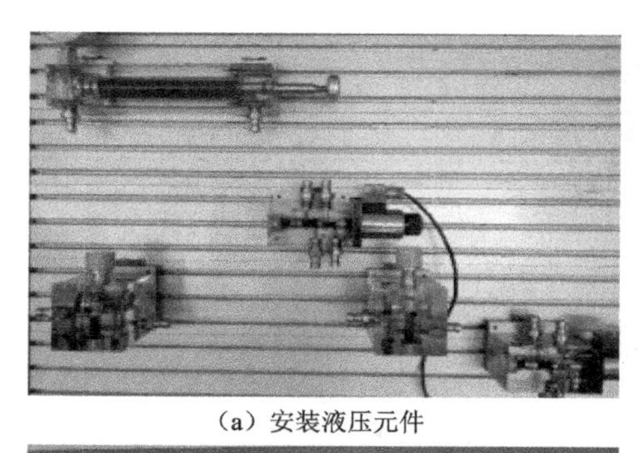

（a）安装液压元件

（b）连接液压回路

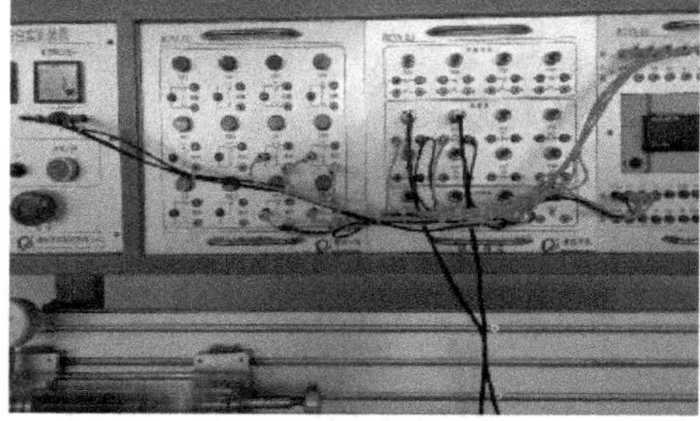

（c）连接电气回路

（d）调节调速阀

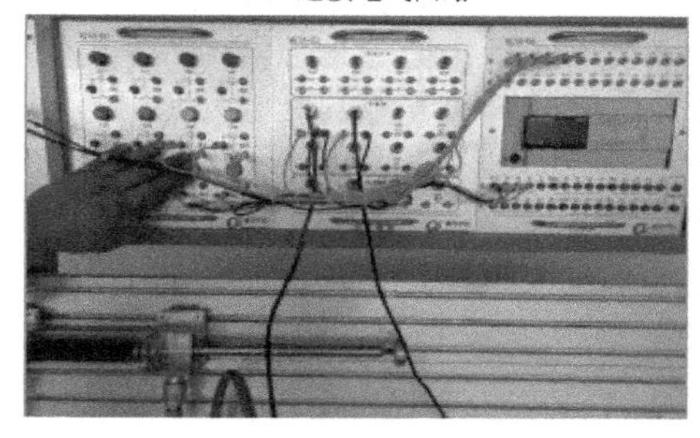

（e）活塞杆伸出

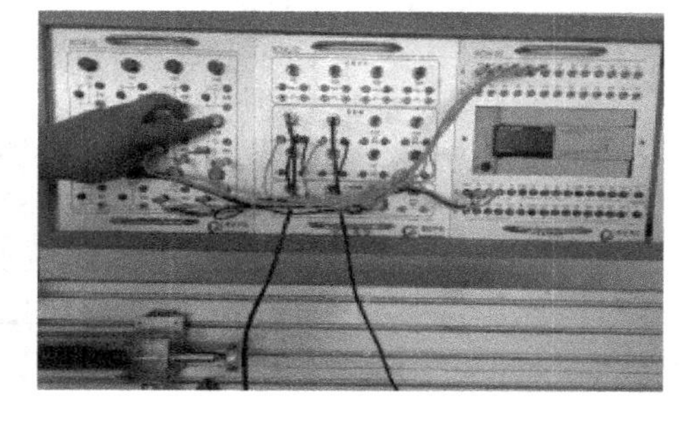

（f）活塞杆缩回

图 3-3-6　控制回路的搭建与调试过程

表 3-3-3　各元件动作情况记录表

序号	按钮 SB1、SB2 动作	按钮 SB3、SB4 动作	DT1	DT2	油缸动作情况
1					快进快退
2					快进慢退
3					慢进快退
4					慢进慢退

四、工作任务评价表

请你填写调速阀并联调速 PLC 控制回路的搭建工作任务评价表 3-3-4。

表 3-3-4　调速阀并联调速 PLC 控制回路的搭建工作任务评价表

序号	评价内容	配分	评价细则	学生评价	老师评价
1	工具与器材准备	10	（1）工具少选或错选，扣 2 分/个； （2）器件少选或错选，扣 2 分/个		
2	液压回路搭建	40	（1）电气回路原理图未绘制，扣 10 分； （2）电气回路原理图绘制不正确，扣 5 分/处； （3）元件检查误检或漏检，扣 2 分/个； （4）元件安装位置不合理，扣 2 分/只； （5）元件安装不牢固，扣 2 分/只； （6）油管线管布局不合理，扣 2 分/条； （7）电气线路连接工艺不规范、不牢固，扣 2 分/条		
3	控制回路调试	40	（1）压力表、调速阀设定值设置不合理，扣 5 分/个； （2）打开液压泵后，发现有漏油现象，扣 5 分/次； （3）按下按钮 SB3（或 SB4），油缸动作不正确，扣 10 分/次； （4）按下按钮 SB1（或 SB2），油缸运动速度不正确，扣 10 分/次		
4	职业与安全意识	10	（1）未经允许擅自操作，或违反操作规程，扣 5 分/次； （2）工具与器材等摆放不整齐，扣 3 分； （3）损坏工具，或浪费材料，扣 5 分； （4）完成任务后，未及时清理工位，扣 5 分； （5）严重违反安全操作规程，取消考核资格		
合计		100			

思考与练习

一、填空题

1．液压系统中执行元件运动速度的快慢，由输入执行元件的油液__________的大小来决定。而流量控制阀就是靠改变阀口__________的大小来调节阀口的__________的。

2．流量阀中常用的几种典型节流口的形式是__________式、__________式、轴向三角槽式、周向缝隙式、轴向缝隙式等。

3．影响节流口流量稳定性的因素主要有：__________、__________、__________及油温等。

4．普通节流阀的结构__________、体积__________，但负载和温度的变化对流量的稳定性影响__________。

5．为了保证负载变化，而节流阀前、后压力差保持不变，必须对节流阀进行__________补偿，即在节流阀前端串联一个__________，这种液压元件称为__________。

二、简答题

1．简述调速阀的工作原理。

2．液压装置的结构形式分为哪两种？

3．节流阀与调速阀有什么不同？

三、实操题

1．根据本次工作任务所提出的控制要求，若采用继电器控制方式，请你设计并绘制电气控制原理图。

2．请搭建与调试如图 3-3-7 所示液压回路。回答：

（1）控制回路各元件的名称；

（2）分析电路的工作原理；

（3）若采用继电器控制方式，试设计并绘制电气原理图。

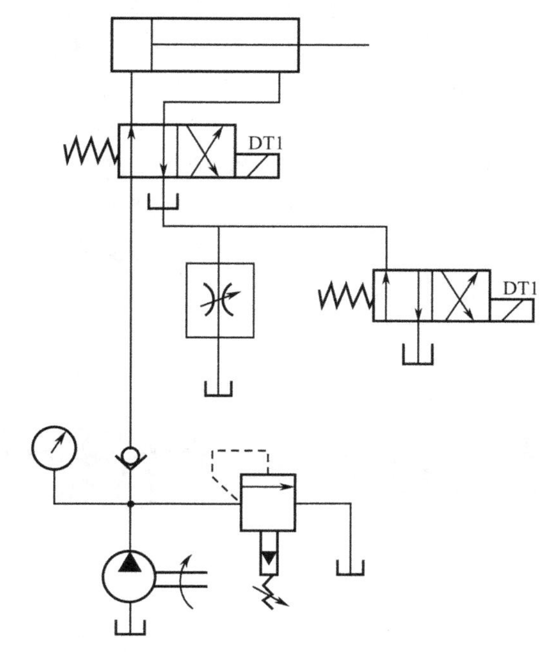

图 3-3-7　采用调速阀短接的速度换接回路

项目四

气动与液压综合实训

气压与液压传动相对于机械传动来说，它是一门新兴技术。近年来，随着机电一体化技术的发展，气压与液压传动技术在机床、工程机械、冶金机械、塑料机械、汽车、飞机、船舶等领域得到广泛应用和发展。该技术是实现工业自动化的一种重要手段，具有广阔的发展前景。

本项目通过完成气动机械手 PLC 控制装置的安装与调试、液压钻床 PLC 控制装置的安装与调试这两个工作任务，进一步理解气压与液压传动系统的组成与工作原理，了解气压与液压传动技术的应用；进一步掌握气压与液压传动的基础知识和基本技能，学会气压与液压传动 PLC 控制装置的安装与调试。

任务 4–1

气动机械手 PLC 控制装置的安装与调试

工作任务

气动机械手 PLC 控制装置中的机械手搬运机构结构示意图如图 4-1-1 所示。图中 A 为机械手初始位置：悬臂气缸停留在左限位，悬臂气缸和手臂气缸的活塞杆均缩回，手爪处于松开状态。另外，A_1 为手臂气缸活塞杆下降位置；B 为悬臂活塞杆伸出位置，B_1 为悬臂伸出且手臂活塞杆下降位置；C（C_1）、D（D_1）分别为 A（A_1）、B（B_1）的对称位置，悬臂气缸停留在右限位。

现有三种不同材质或不同颜色的金属、白色塑料和黑色塑料物块，通过气动机械手将其从入料口 B_1 处搬运到指定的位置上：金属物块在 A_1 区，白色塑料物块在 D_1 区，黑色塑料物块在 C_1 区。入料口 B_1 处有无物块由光电传感器检测，材质和颜色的不同分别由电感传感器和光纤传感器进行检测。

控制要求：设备上电后，按下启动按钮 SB2，设备自动复位（初始位置），并进入等待工作状态。将物块放到入料口 B_1 处，传感器检测到物块后，延时 5 秒，机械手开始动作：悬臂伸出→伸出到前限位→手臂气缸活塞杆下降→下降到下限位后延时 0.5s，手爪夹紧→手臂上升→上升到上限位→悬臂气缸活塞杆缩回。若物块为金属材质，机械手臂下降，1s 后手爪放松，将物块放入 A_1 区；若物块为非金属材质，则机械手继续搬运，机械手右转→

右转到右限位→悬臂伸出→伸出到前限位，机械手臂下降→下降到位后停止 0.5s。若此物块为白色塑料，手爪即刻放松，将物块放入 D_1 区；若物块为黑色塑料，则机械手继续搬运，机械手臂上升→上升到位→悬臂气缸活塞杆缩回→缩回到位→手臂下降→下降到位后，停止 1s→手爪放松，将物块放入 C_1 区，完成分拣与搬运工作任务。

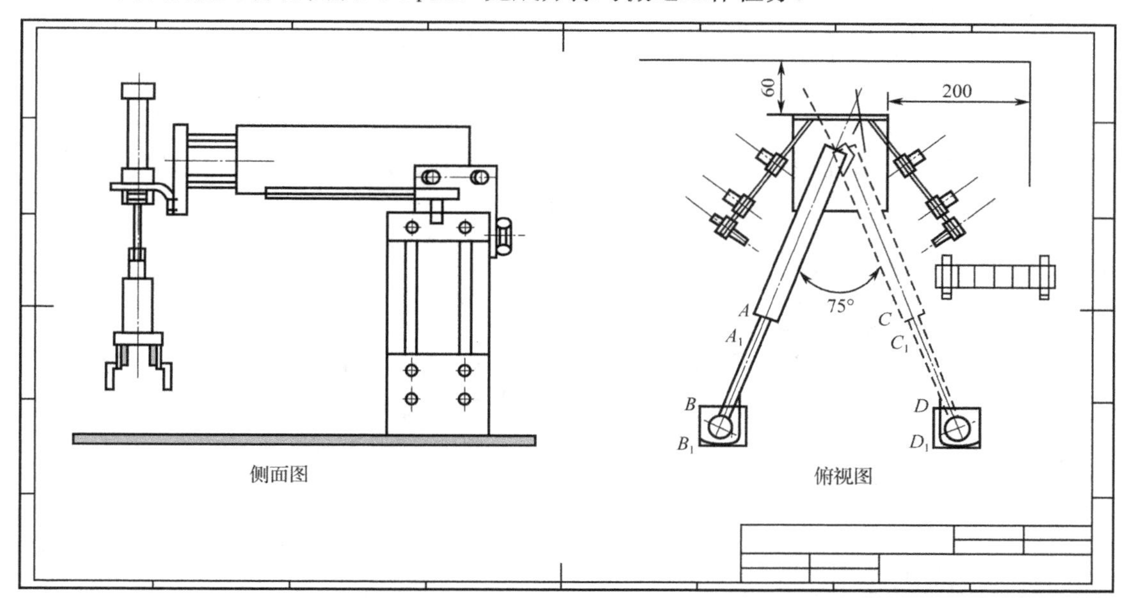

图 4-1-1　机械手搬运机构结构示意图

当机械手爪放松物块，完成分拣和搬运任务后，机械手按原路线返回至初始位置等待。若等机时间 15 秒后，物料检测传感器还未检测到 B_1 处物料时，系统即刻停止工作。若要继续搬运物料，则必须重新按下启动按钮 SB2。

搬运过程中按下停止按钮 SB3，机械手在完成当前物块的搬运后，回到初始位置停止。

搬运过程中，若发生紧急情况，应立刻按下急停按钮 SB1，机械手立即停止工作。解除了紧急情况后，复位急停按钮 SB1，按下启动按钮 SB2 即可重新启动设备。

请你完成以下工作任务。

一、气动机械手 PLC 控制装置的安装

1. 气动机械手的安装

（1）根据如图 4-1-1 所示的气动机械手结构图，将气动机械手安装在实训平台上。

（2）根据工作任务要求，绘制气动系统图，并按按工艺规范要求连接气路。

（3）安装传感器及其端子的接线。

安装机械手的基本要求：

① 手爪位置应与入料口保持合适位置。

② 气管与接头的连接必须可靠，确保不漏气。

③ 传感器的安装位置按实际要求进行。

④ 各部件的安装应牢固、无松动现象。

2. PLC 控制电路的安装

（1）根据控制要求，正确选择模块、元件和器件，并检查器件的好坏。

（2）根据控制要求，画出电气控制电气原理图，并按接线工艺规范要求连接控制电路。

接线工艺规范的基本要求：

① 连接导线按要求入线槽走线，不能入槽的部分导线应集中绑扎固定；

② 线槽引出线不凌乱，且 1 个孔引出线不超过 2 根；

③ 1 个接线端子接线不超过 2 根；

④ 接线端必须压接端针，且压接牢固，不能有压皮、露铜、导线损伤等现象；

⑤ 连接导线必须套号码管，编号与电路图一致。

二、气动机械手 PLC 控制装置的调试

（1）根据控制要求，编写 PLC 的控制程序。

（2）调节节流阀、传感器灵敏度等，使机械手运行平稳，且速度适中。

（3）调试 PLC 控制程序，使气动机械手分拣与搬运动作达到控制要求。

相关知识

一、气动机械手

气动机械手是一种以压缩空气为动力源，用来搬运物料或代替人工完成某些操作，机电一体化设备或自动化生产系统中最常用的气压传动装置。

机械手的整个搬运机构能完成 4 个自由度动作：手臂伸缩、手臂旋转、手爪上下、手爪松紧，它主要由安装支架、旋转气缸、气动手爪、提升气缸、伸缩气缸、传感器、缓冲阀、节流阀、电磁阀及气源等组成，其外观如图 4-1-2 所示。

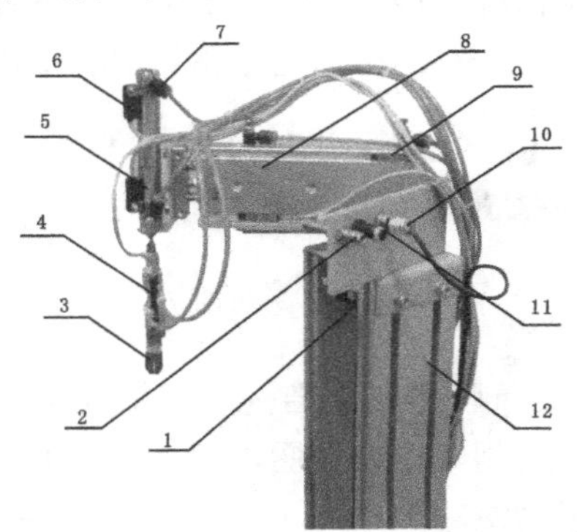

1—旋转气缸；2—非标螺丝；3—气动手爪；4—手爪磁性开关；5—提升气缸；6—磁性开关；

7—节流阀；8—伸缩气缸；9—磁性开关；10—左右限位传感器；11—缓冲阀；12—安装支架

图 4-1-2　气动机械手搬运机构实物图

机械手搬运机构各部件名称及其作用如表 4-1-1 所示。

表 4-1-1 机械手搬运机构部件名称及其作用

序号	部件名称	作用
1	双杆气缸	执行手臂的伸出、缩回动作，由双电控气阀控制
2	旋转气缸	驱动机械手臂顺时针和逆时针方向的旋转（正转和反转），由双电控气阀控制
3	手爪提升缸	执行手爪的提升、下降动作，采用双电控气阀控制
4	手爪	用于抓取或松开物料，由双电控气阀控制，手爪夹紧时磁性传感器有信号输出，且指示灯亮
5	磁性传感器	在气缸的前、后端各放置一个，用于气缸位置的检测，当传感器检测到气缸伸出或缩回到位后将给 PLC 发出一个电信号
6	接近传感器	当机械手臂顺时针或逆时针旋转到位后，接近传感器信号有输出
7	缓冲器	旋转气缸高速顺时针和逆时针旋转时，起缓冲减速作用

二、传感器

1．传感器的分类

传感器的种类很多，功能各异。由于同一被测量物体可用不同转换原理实现探测，利用同一种物理法则、化学反应或生物效应可设计制作出检测不同被测量物体的传感器，而功能大同小异的同一类传感器可用于不同的技术领域，因此传感器有不同的分类方法，具体分类如表 4-1-2 所示。

表 4-1-2 传感器的分类方法

序号	分类方法	传感器的种类
1	效应	物理传感器、化学传感器、生物传感器
2	输入量	位移传感器、速度传感器、温度传感器、压力传感器、气体成分传感器、浓度传感器
3	工作原理	应变传感器、电容传感器、电感传感器、电磁传感器、压电传感器、热电传感器
4	输出信号	模拟式传感器、数字式传感器
5	外加能源与否	有源传感器、无源传感器
6	敏感材料	半导体传感器、光纤传感器、陶瓷传感器、金属传感器、高分子材料传感器、复合材料传感器

2．传感器的工作原理

（1）电容式传感器

电容式传感器的感应面由两个同轴金属电极构成，这两个电极构成一个电容器，串联在 RC 振荡回路中。电源接通，当电极附近没有物体时，电容器容量小，不能满足振荡条件，RC 振荡器不振荡；当有物体靠近时，电容器的电容量增加，振荡器开始振荡。通过后级电路的处理，将不振荡和振荡两种信号转换成开关信号，从而起到了检测有无物体接近的目的。

电容式传感器可以检测金属和非金属材料，对金属材料可以获得最大的动作距离。而对非金属材料可获得的动作距离，与材料的介电常数、面积等因素有关。

大多数电容式传感器的动作距离都可以通过其内部的电位器进行调节、设定。

（2）光电式传感器

光电式传感器是通过把光强度的变化转换成电信号的变化来实现检测的。一般由发射器、接收器及检测电路组成。常用的光电式传感器可分为漫反射式、反射式、对射式等几种，它们中大多数的动作距离也是可以调节的。

其中，光纤式光电传感器是利用光导纤维进行信号传输，光导纤维是利用光的全反射原理传输光波的一种介质。由于光线损耗和光纤色散的存在，在长距离光纤传输系统中，必须在线路适当位置设立中级放大器，以对衰减和失真的光脉冲信号进行处理及放大。

（3）磁感应式传感器

磁感应式传感器是利用磁性物体的磁场作用来实现对物体感应的，它主要有霍尔传感器和磁性传感器两种。

其中，磁性传感器又称磁性开关，是气动与液压系统中常用的一种传感器。磁性开关可以直接安装在气缸缸体上，当带有磁环的活塞移动到磁性开关所在位置时，磁性开关内的两个金属簧片在磁环磁场的使用下吸合，发出信号。当活塞移开，磁场离开金属簧片，触点自动断开，信号切断。通过这种方式可以很方便地实现对气缸活塞位置的检测。

检测气缸中活塞位置的常用方法和检测器件如表 4-1-3 所示。

表 4-1-3 检测气缸中活塞位置的方法和检测器件

器件名称	检测方法	示意图	特点
位置开关	机械接触		安装空间较大；不受磁性影响；检测位置调整较困难
接近开关	阻抗变化		安装空间较大，不受污蚀影响，检测位置调整较困难
光电开关	光的变化		安装空间较大，不受磁场影响，检测位置调整较困难
磁性开关	磁场变化		安装空间较小，不受污蚀影响，检测位置调整较容易

完成工作任务指导

一、工具与器材准备

1. 工具

内六角扳手（规格：3mm、4mm、6mm、8mm）、电工工具、万用表、水平尺。

2. 器材

除实训装置、计算机、编程软件外，还有以下器材：

（1）机械手部件

旋转气缸、提升气缸、伸缩气缸、气动手爪、Y59BLS 手爪磁性开关、D-C73 磁性开关、D-Z73 磁性开关、左右限位传感器、缓冲阀、节流阀、安装螺钉、安装支架。

（2）气路元件

空压机（气源）、双电控二位五通电磁阀、气管（规格：Φ4、Φ6）。

（3）电气元件

光电传感器、电感传感器、磁性开关、PLC 模块、电源模块、按钮模块；扎带、号码管、接线端子、安全插座、专用连接导线。

二、气动机械手控制装置的安装

1. 机械手的安装

（1）支架的安装

根据安装尺寸要求，将支架固定在实训台上，用内六角扳手将螺钉拧紧。

（2）旋转气缸的安装

用内六角扳手安装旋转气缸，将螺钉拧紧；并调整旋转气缸的节流阀。

（3）限位传感器及缓冲阀的安装

用活动扳手和内六角扳手配合安装非标螺钉；用活动扳手和一字形螺钉旋具配合安装缓冲阀；用活动扳手和尖嘴钳配合安装限位传感器。

（4）伸缩气缸及磁性开关的安装

安装伸缩气缸；安装伸缩气缸节流阀；安装磁性开关。

（5）气动手爪及提升气缸的安装

用活动扳手安装提升气缸；安装提升气缸的 D-C73 磁性开关；安装气动手爪。

2. 气路的连接

根据控制要求，绘制如图 4-1-3 所示的气动回路原理图。按原理图连接气路：

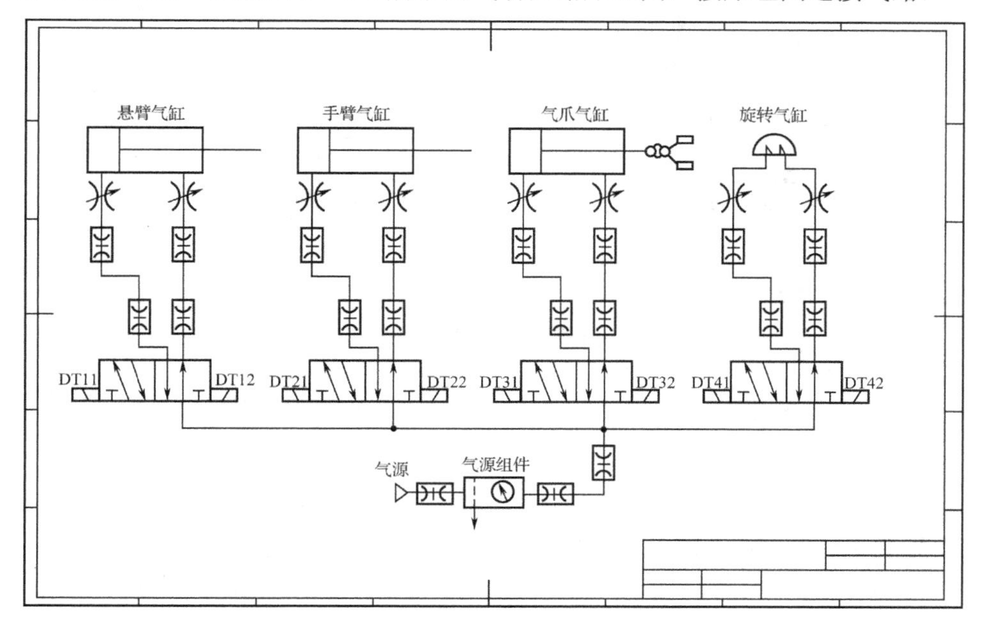

图 4-1-3 气动回路原理图

（1）气源由气泵经过气源组合件进入电磁阀；

（2）电磁阀与气缸上的单向节流阀相连接；

（3）连接好的气管应用塑料扎带捆扎整理，固定好。捆扎距离一般为 50～80mm，间距要均匀。

3. 磁性开关、传感器的安装

（1）根据机械手动作要求，将各磁性开关和传感器安装到相应的位置上。

（2）根据如图 4-1-4 所示的元器件端子接线图，将各磁性开关、传感器等的引线连接到接线端子上。其中，磁性开关棕色引线接 PLC 主机输入端，蓝色接输入的公共端；接近传感器的棕色引线接直流 24V，黑色引线接 PLC 主机的输入端，蓝色引线接输入的公共端。

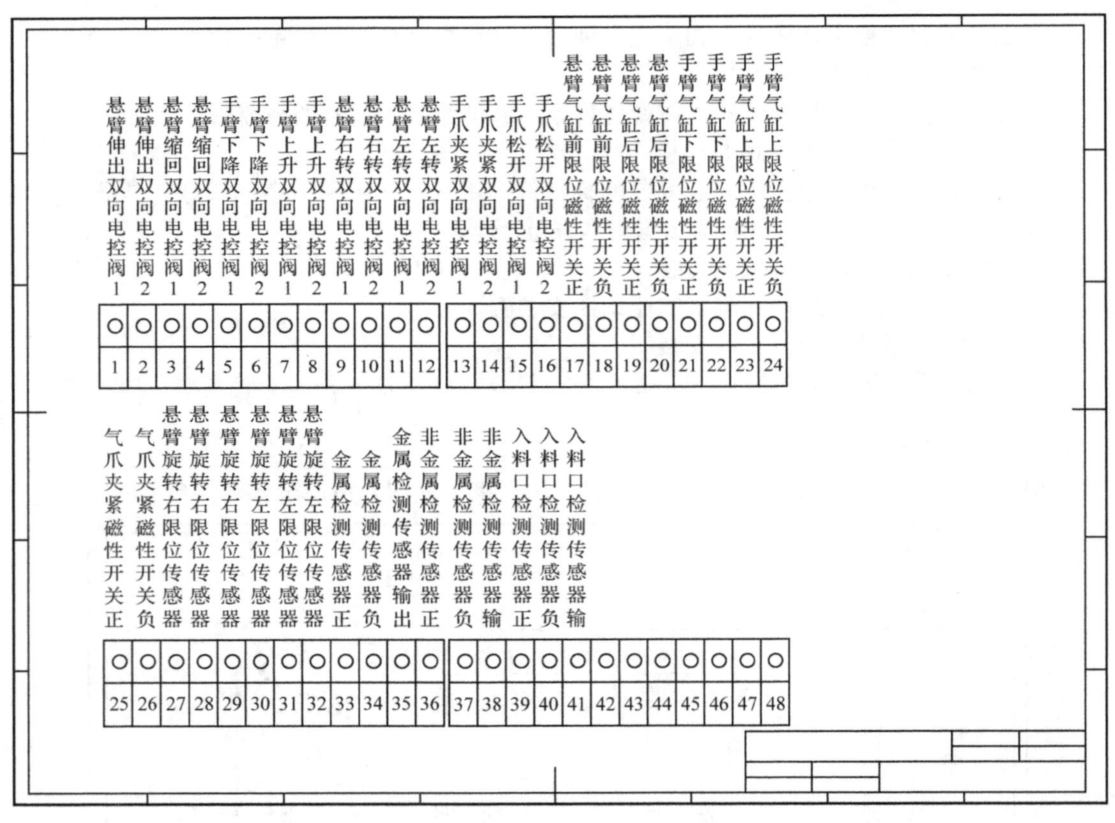

图 4-1-4　元器件端子接线图

4. PLC 控制电路的安装

（1）正确选择并检查元器件

根据控制要求，正确选择模块、元件和器件，并检查器件的好坏。

（2）绘制电气控制原理图

根据控制要求，绘制 PLC 电气控制原理图，如图 4-1-5 所示。按原理图完成线路的连接：

① 按钮、开关等与 PLC 的连接。

② 电磁换向阀线圈与 PLC 的连接。

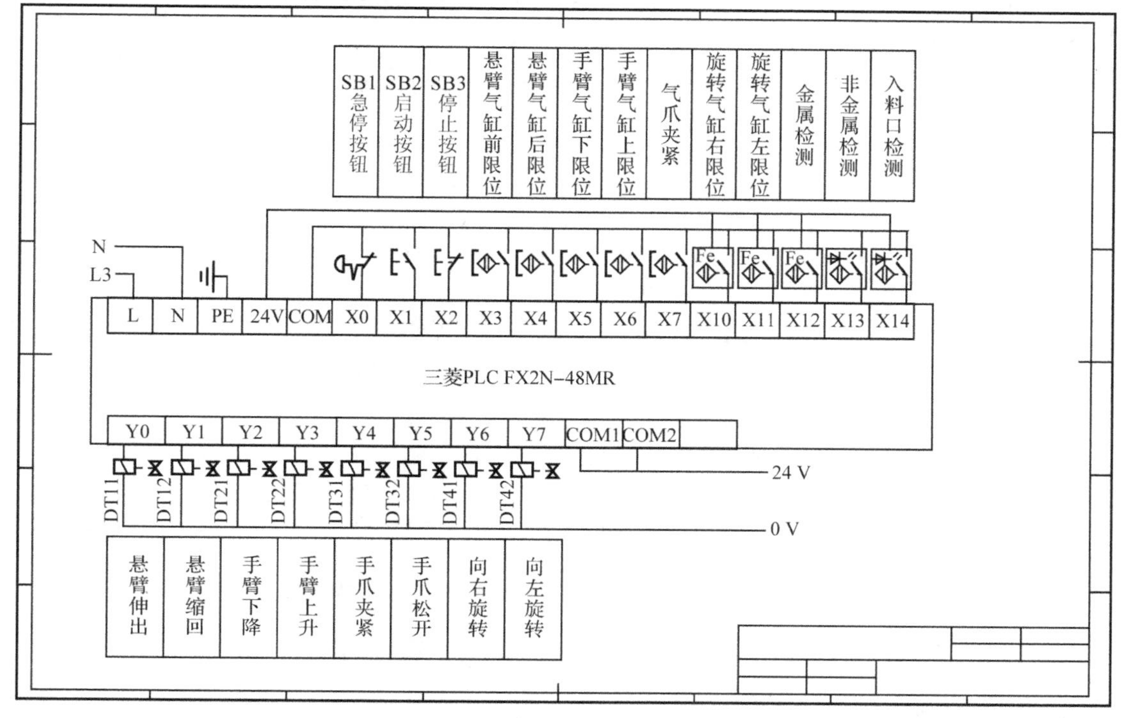

图 4-1-5 PLC 电气控制原理图

三、气动机械手控制装置的调试

1. 编写 PLC 控制程序

根据控制要求，编写PLC控制程序。请读者自行编写。

2. 控制装置的调试

（1）调节节流阀、各传感器位置及灵敏度，检测机械手的初始位置及各运动部件的动作速度。

（2）下载PLC控制程序，检测机械手的工作过程是否符合控制要求。

四、工作任务评价表

请你填写气动机械手PLC控制装置的安装与调试工作任务评价表4-1-4。

表 4-1-4 气动机械手 PLC 控制装置的安装与调试工作任务评价表

序号	评价内容	配分	评价细则	学生评价	老师评价
1	工具与器材准备	10	（1）工具少选或错选，扣 2 分/个； （2）器件少选或错选，扣 2 分/个		

续表

序号	评价内容	配分	评价细则	学生评价	老师评价
2	气动机械手的安装	40	（1）不能认识机械手各部件名称及其作用，扣 2 分/个； （2）机械手部件安装位置不正确、或不牢固，扣 5 分/个； （3）机械手动作不灵活，扣 5 分/个； （4）气路原理图未绘制，扣 15 分； （5）气路原理图绘制不正确，扣 5 分/处； （6）气路连接布局不合理、不牢固，扣 5 分/处； （7）节流阀调整不合理，扣 2 分/个； （8）传感器位置、灵敏度调节等不合理，扣 2 分/个；		
3	气动机械手的调试	40	（1）未绘制 PLC 电气控制原理图，扣 15 分； （2）电气控制原理图绘制不正确，扣 5 分/次； （3）电气控制电路连接错误，扣 5 分/处； （4）连接导线不按规范要求，扣 5 分/条； （5）未编写 PLC 控制程序，扣 20 分； （6）按下启动按钮，机械手不动作，或动作顺序错误，扣 10 分/个； （7）按下停止按钮、或急停按钮，设备无法正常动作，扣 10 分/个		
4	职业与安全意识	10	（1）未经允许擅自操作，或违反操作规程，扣 5 分/次； （2）工具与器材等摆放不整齐，扣 3 分； （3）损坏工具，或浪费材料，扣 5 分； （4）完成任务后，未及时清理工位，扣 5 分； （5）严重违反安全操作规程，取消考核资格		
合计		100			

思考与练习

一、填空题

1．机械手主要由安装支架、__________、__________、__________、__________、传感器、缓冲阀、节流阀、电磁阀及气源等组成。

2．安装气路时首先要保证气路通畅，应避免______或______弯曲；其次要考虑布局合理，便于____________。

3. 机械手搬运机构能完成四个自由度的动作，即_______、_________、______、________。

4．磁性开关是用来检测气缸活塞______的，即检测活塞的运动行程的。

5．磁性开关分为__________式和__________式两种。

6．磁性开关触点电阻一般为__________Ω，过载能力较差，但速度响应____，动作时间为 1.2ms。

7．电感式传感器检测距离一般为________，光电式传感器检测距离约为________。

8. 光纤传感器是一种________传感器，由光纤________和光纤________两个部分组成。

9．根据电气控制原理图，请你完成 PLC 的 I/O 地址分配表的填写。

表 4-1-5　I/O 分配表

输入信号			输出信号		
序号	输入地址	说明	序号	输入地址	说明
1	X0	急停按钮	1	Y0	悬臂伸出
2	X1	启动按钮	2	Y1	悬臂缩回
3	X2	停止按钮	3	Y2	手臂下降
4	X3	悬臂伸出限位	4	Y3	手臂上升
5	X4	悬臂缩回限位	5	Y4	手爪夹紧
6	X5	手臂下降限位	6	Y5	手爪松开
7	X6	手臂上升限位	7	Y6	悬臂右转
8	X7	气爪夹紧	8	Y7	悬臂左转
9	X10	机械手右限位			
10	X11	机械手左限位			
11	X12	金属检测传感器			
12	X13	非金属检测传感器			
13	X14	入料口检测传感器			

二、简答题

1．电磁阀极性接反了能正常工作吗？
2．对机械手进行组装有什么要求？
3．摆动气缸的作用是什么？
4．简述电感式传感器的工作原理。
5．光纤传感器的灵敏度是不是越高越好，为什么？

三、实训报告

1．实训内容与目标。
2．绘制气压系统图、PLC 控制电气原理图。
3．实训设备功能的概述。
4．实训总结。

任务 4-2 液压钻床 PLC 控制装置的安装与调试

工作任务

XX 型液压钻床 PLC 控制装置结构示意图如图 4-2-1 所示。

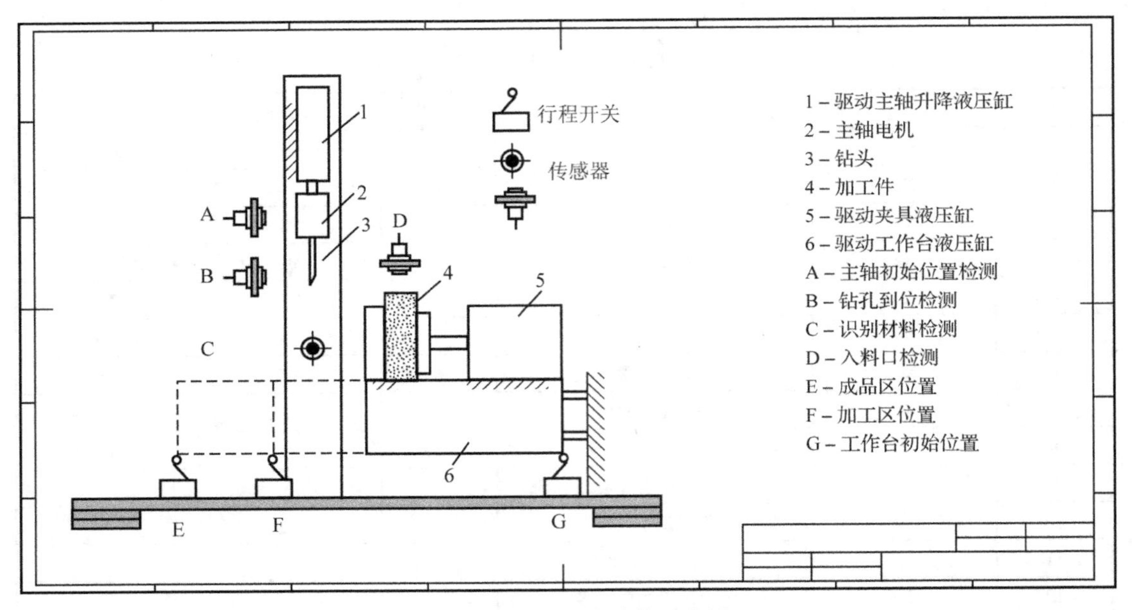

图 4-2-1　液压钻床结构示意图

图中，主轴箱的升降由升降液压缸驱动，A 为主轴箱的初始位置，B 为主轴箱下降到位位置，分别由两个光电传感器控制。工作台的移动由进退液压缸驱动，G 为工作台初始位置，F 为加工区，E 为成品区，分别由三个行程开关准确定位。其中，D 设有光电传感器，用于检测是否有加工工件；C 设有电感传感器，用于检测加工件是否为金属材料。工作台上安装液压夹具，用于固定加工工件。

控制要求：设备上电后，按下启动按钮 SB2，设备自动复位：主轴箱在 A 位置；工作台在 G 位置，设备处于待机状态。当光电传感器检测有加工件时，延时 5 秒后，液压夹具将工件夹紧，4 秒后工作台往加工区 F 方向慢速前进，碰压行程开关时，工作台停止移动，此时，电感式传感器识别工件（金属或塑料）。与此同时，启动主轴（主轴转速的选择：金属工件为低速；塑料工件为高速），且主轴箱随之下降，开始钻孔加工。加工到位，传感器检测到信号时，主轴箱上升，上升到位（传感器检测到信号）后主轴箱及主轴均停止。停止后，工作台向成品区 E 方向前进，当碰压行程开关时停止。过 1 秒后，液压夹具松开（人工取走工件），延时 5 秒后工作台快速退回至工作原点 G。至此，一个完整的加工过程结束，设备处于待机状态。

设备处于待机状态时，15 秒内入料口传感器未检测到有加工件，设备立即停止。若要再次加工工件，必须重新按下启动按钮。

设备运行中，按下停止按钮 SB3，设备在完成当前加工任务，回到初始位置后停止。

设备运行中，若发生紧急情况，应立刻按下急停按钮 SB1，设备立即停止工作。解除设备故障后，复位急停按钮 SB1，按下启动按钮 SB2 即可重启动设备。

XX 型液压钻床控制装置的液压系统图如图 4-2-2 所示。

请你完成以下工作任务：

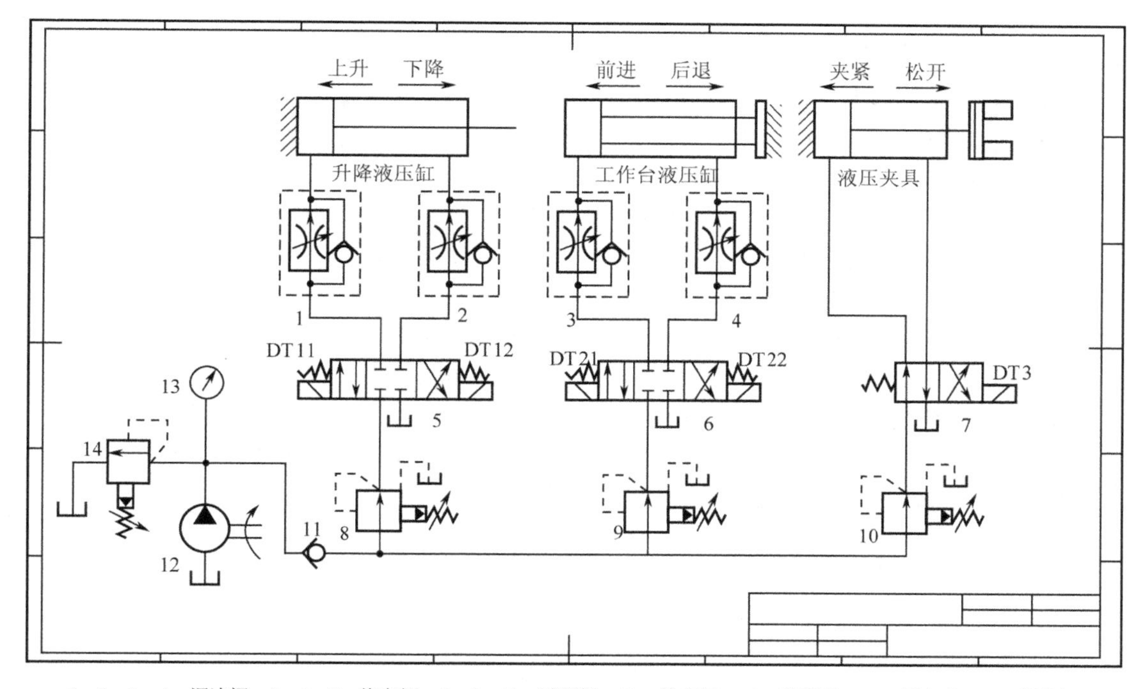

1、3、3、4—调速阀；5、6、7—换向阀；8、9、10—减压阀；11—单向阀；12—定量泵；13—压力表；14—溢流阀

图 4-2-2 XX 型液压钻床液压系统图

一、液压设备的安装

1. 部件的安装

根据如图 4-2-1 所示的液压钻床结构示意图，安装液压钻床设备。

2. 油路的安装

根据液压钻床的液压系统图，连接油路。
① 液压缸、液压夹具等与调速阀、减压阀、电磁阀等液压元件的油路连接；
② 液压泵与溢流阀、减压阀、电磁阀等液压元件的油路连接；
③ 按工艺规范要求合理布局油路。

3. 传感器、行程开关等的安装

安装传感器、行程开关，并完成器件的端子接线。
安装设备的基本要求：
① 油管与接头的连接必须可靠，确保不漏油。
② 调速阀、减压阀及溢流阀等元件的调节量应根据需要调整，使机械运动行平稳，且速度符合控制要求。
③ 行程开关、传感器的安装位置及检测灵敏度等的调节，按实际要求进行。
④ 各部件的安装应牢固、无松动现象。

4. PLC 控制电路的连接

（1）根据控制要求，正确选择模块、元件和器件，并检查器件的好坏。
（2）根据控制要求，画出电气控制电气原理图，并按原理图连接控制电路。
① 按钮开关、传感器、行程开关等与 PLC 的连接；
② 直流电机、电磁换向阀线圈等与 PLC 的连接；
③ 电源与 PLC 的连接。
接线工艺的基本要求：
① 连接导线按要求入线槽走线，不能入槽的部分导线应集中绑扎固定；
② 线槽引出线不凌乱，且 1 个孔引出线不超过 2 根；
③ 1 个接线端子接线不超过 2 根；
④ 接线端必须压接端针，且压接牢固，不能有压皮、露铜、导线损伤等现象；
⑤ 连接导线必须套号码管，编号与电路图一致。

二、液压设备的调试

1. 编写 PLC 控制程序

根据控制要求，编写 PLC 的控制程序。

2. 下载 PLC 控制程序并调试

调试设备，使液压钻床的控制功能符合要求。

相关知识

一、识读液压系统图

液压系统是根据机械设备的工况要求，选用适当的液压基本回路并将其有机组合而成的，其工作原理一般用液压系统图来表示。液压系统图是用标准图形符号绘制的，原理图仅表示各个液压元件及它们之间的连接和控制方式，并不代表它的实际尺寸大小和空间位置。

正确、快速地读懂和分析液压系统图，对工程人员在液压设备的设计与分析、使用与维护等工作具有重要的指导意义。

1. 识读液压系统图的方法和步骤

（1）了解机械设备工况对液压系统的要求，工作循环中的每个工步对方向、压力、流量等参数的要求。

（2）初步分析液压系统图，了解系统中包含哪些元件，以执行元件为中心，将系统分解为若干个子系统。

（3）先单独分析每一个子系统，了解子系统的基本回路，各液压元件的作用；参照电磁铁动作表和执行元件的动作要求，理清每步动作的进油和回油路线。

（4）根据系统中对各执行元件间的顺序、同步、互锁、防干扰等要求，分析各子系统之间的联系，读懂整个液压系统的工作原理。

（5）对系统进行综合分析，归纳总结，以加深对整个液压系统的全面理解。

2. 数控机床液压系统图

XX 型数控车床液压系统主要驱动完成卡盘的夹紧与松开、卡盘夹紧力的高低压转换、回转刀架的夹紧与松开、刀架刀盘的正转与反转、尾座套筒的伸出与退回等动作，液压系统中各电磁铁的通、断均由数控系统的 PLC 控制，整个系统由卡盘、回转刀盘与尾架套筒 3 个分系统组成。XX 型数控车床液压系统图如图 4-2-3 所示。

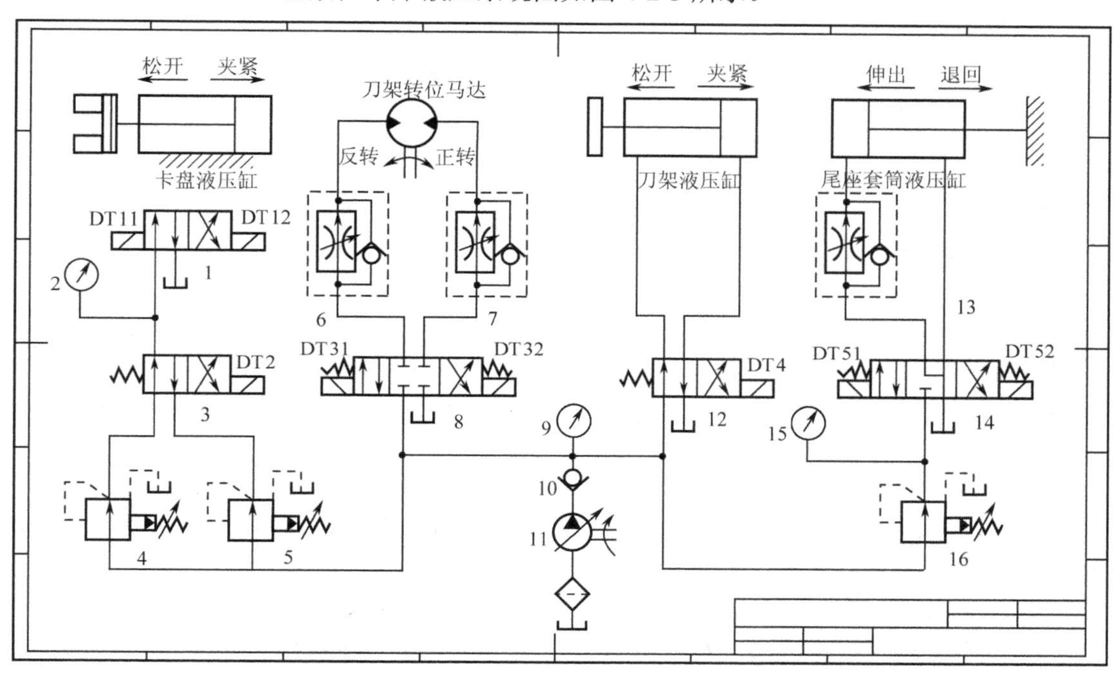

11—变量泵；10—单向阀；1、3、8、12、14—换向阀；4、5、16—减压阀；6、7、13—单向节流阀；2、9、15—压力表

图 4-2-3 XX 型数控车床液压系统图

该液压系统采用单向变量液压泵供油，系统压力调至 4MPa，压力由压力计显示。泵输出的压力油经单向阀进入各个子系统。

（1）卡盘的夹紧与松开

主轴卡盘的执行元件是液压缸，卡盘的夹紧与松开（缸的缩回与伸出）由二位四通电磁阀 1 控制，卡盘的高压夹紧与低压夹紧转换由二位四通电磁阀 3 控制。

当卡盘处于正卡且在高压夹紧状态下，夹紧力的大小由减压阀 4 调整。当 DT2 断电、DT11 通电时，系统压力油经阀 4→阀 3→阀 1→液压缸左腔；液压缸右腔的油液经阀 1 直接回油箱，活塞杆缩回，卡盘夹紧。反之，当 DT12 通电时，系统压力油经阀 4→阀 3→阀 1→液压缸右腔；液压缸左腔的油液经阀 1 直接回油箱，活塞杆伸出，卡盘松开。

当卡盘处于正卡且低压夹紧状态下，夹紧力的大小由减压阀 5 调整。当 DT2、DT11 通电时，卡盘液压缸活塞杆缩回，卡盘夹紧；当 DT2、DT12 通电时，卡盘液压缸活塞杆伸出，卡盘松开。

（2）刀架的回转

回转刀架换刀动作：刀架松开→刀架转到指定的刀位→刀架夹紧。刀架的夹紧与松开由一个二位四通电磁阀控制；刀架可正、反转，由三位四通电磁阀控制，其转速分别由单向调速阀调节控制。

当 DT4 通电时，刀架松开；当 DT31 通电时，系统压力油经阀 8→调速阀 6→液压马达，刀架正转；当 DT32 通电时，系统压力油经阀 8→调速阀 7→液压马达，刀架反转。当 DT4 断电时，刀架夹紧。

（3）尾座套筒的伸缩动作

尾座套筒的伸出与退回由三位四通电磁阀 14 控制。当 DT51 通电时，系统压力油经减压阀 16→阀 14→液压缸左腔；液压缸右腔油液→单向调速阀 13→阀 14→回油箱，套筒伸出。套筒伸出时的预紧力大小由减压阀 16 来调节，伸出速度由调速阀 13 来控制。反之，当 DT52 通电时，系统压力油经减压阀 16→阀 14→阀 13→液压缸右腔；液压缸左腔油液→阀 14→回油箱，套筒退回。

三、XX 型液压钻床液压系统工作原理

XX 型液压钻床液压系统主要驱动完成主轴箱的升降、工作台的进退、工件的夹紧与松开等动作，液压系统中各电磁铁的通、断均由系统的 PLC 控制，整个系统由主轴箱、工作台与工件夹具等 3 个分系统组成，机床采用定量液压泵作为动力源，系统压力调至 4MPa 由压力计 13 显示。泵输出的压力油经单向阀 11 进入各个子系统。

（1）主轴箱的上升与下降

驱动主轴箱的执行元件为液压缸，主轴箱的上升与下降（缸的缩回与伸出）由三位四通阀（O 型）5 控制，上升与下降速度分别由两个调速阀 2、1 控制。

当 DT11 断电、DT12 通电时，系统压力油经减压阀 8→阀 5→调速阀 2→液压缸右腔；液压缸左腔的油液经调速阀 1→阀 5→回油箱，活塞杆缩回，主轴箱上升。反之，当 DT12 断电、DT11 通电时，系统压力油经减压阀 8→阀 5→调速阀 1→液压缸左腔；液压缸右腔的油液经调速阀 2→阀 5→回油箱，活塞杆伸出，主轴箱下降。

（2）工作台的前进与后退

驱动工作台的执行元件为双杆液压缸，工作台的前进与后退（缸的伸出与缩回）由三位四通阀（O 型）6 控制，前进与后退速度分别由两个调速阀 3、4 控制。

当 DT21 断电、DT22 通电时，系统压力油经减压阀 9→阀 6→调速阀 4→液压缸右腔；液压缸左腔的油液经调速阀 3→阀 6→回油箱，活塞杆缩回，工作台后退。反之，当 DT22 断电、DT21 通电时，系统压力油经减压阀 9→阀 6→调速阀 3→液压缸左腔；液压缸右腔的油液经调速阀 4→阀 6→回油箱，活塞杆伸出，工作台前进。

（3）工件夹具的夹紧与松开

驱动工件夹具的执行元件为液压夹具，工件夹具的夹紧与松开（缸的缩回与伸出）由二位四通阀 7 控制，夹具夹紧力的大小由减压阀 10 来调节。

当 DT3 通电时，系统压力油经减压阀 10→阀 7→液压缸右腔；液压缸左腔油液经阀 7 直接回油箱，活塞杆缩回，夹具夹紧。反之，当 DT3 断电时，系统压力油经减压阀 10→阀 7→液压缸左腔；液压缸右腔油液经阀 7 直接回油箱，活塞杆伸出，夹具松开。

完成工作任务指导

一、工具与器材准备

1. 工具

内六角扳手、电工工具、万用表、水平尺。

2. 器材

实训装置、计算机、编程软件，还有以下器材：

（1）设备主要部件及液压元件

安装底座、支架、液压缸、液压夹具、减压阀、单向调速阀、溢流阀、单向阀、定量液压泵（动力源）、双电控二位四通阀（O 型）、单电控二位四通阀、油管。

（2）电气元件

直流电机、电阻器件、光电传感器、电感传感器、行程开关、PLC 模块、继电器模块、按钮模块、电源模块、扎带、号码管、接线端子、专用连接导线。

二、液压设备的安装

1. 机械部件的组装

（1）立柱的安装

根据安装尺寸要求，将立柱支架固定在底座上，用内六角扳手将其螺钉拧紧。

（2）主轴箱升降液压缸的安装

用内六角扳手安装升降液压缸，将螺钉拧紧。

（3）工作台及液压夹具的安装

用内六角扳手安装工作台及液压夹具，将螺钉拧紧。

2. 油路的连接

根据如图4-2-2所示的液压回路系统图，连接油路。

3. 行程开关、传感器的安装

（1）根据设备动作要求，将各行程开关、传感器安装到相应的位置上。

（2）根据如图 4-2-4 所示的元器件端子接线图，将行程开关、传感器等的引线连接到接线端子上。

4. PLC 控制电路的连接（见图 4-2-5）

三、液压设备的调试

1. 编写 PLC 控制程序

2. 设备调试

（1）检测设备的初始位置及运动部件的动作速度，并调整液压回路参数。

（2）下载PLC程序，检测液压装置的工作过程是否符合控制要求。

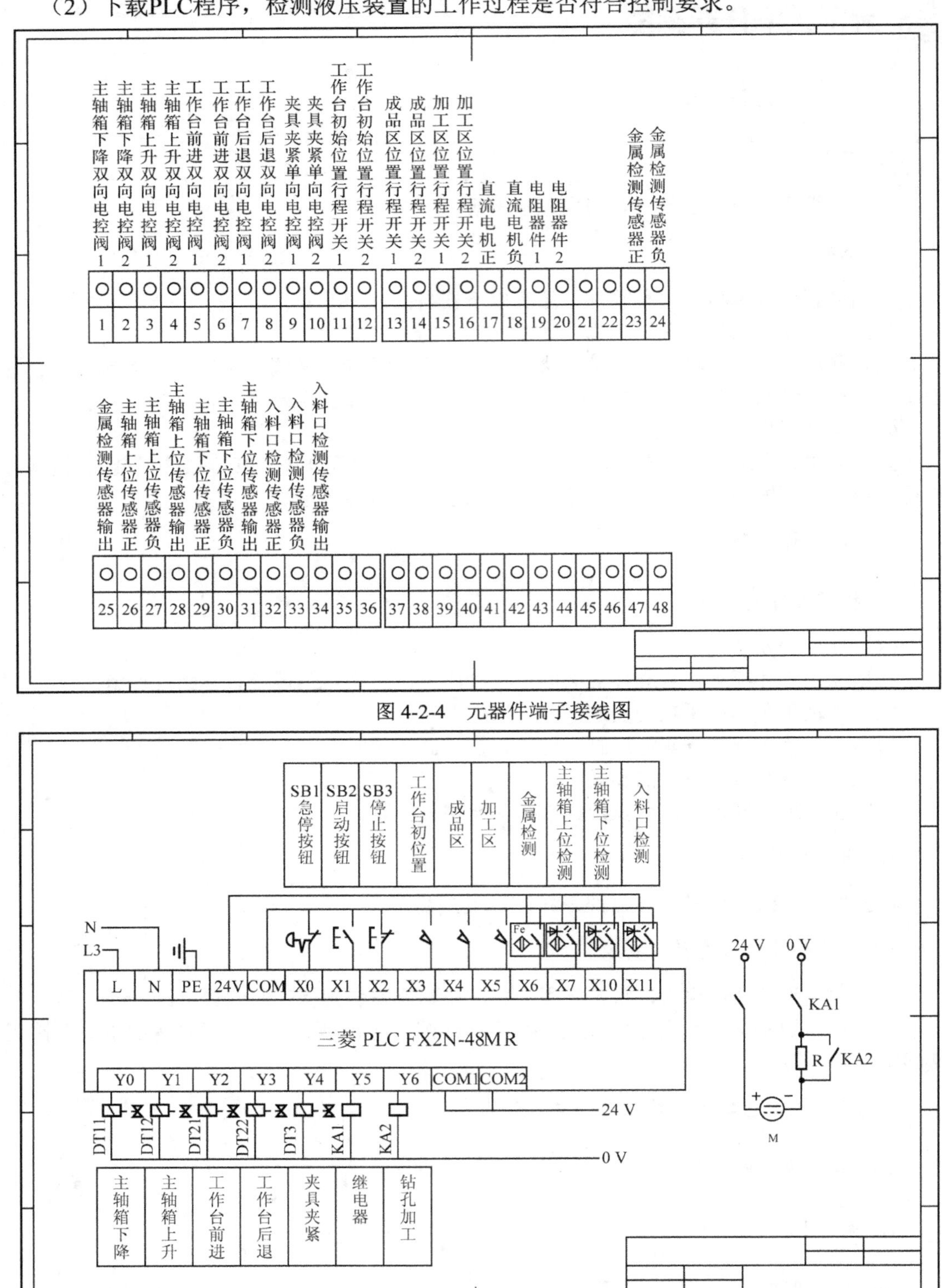

图 4-2-4　元器件端子接线图

图 4-2-5　PLC 电气控制原理图

四、工作任务评价表

请你填写液压钻床PLC控制装置的安装与调试工作任务评价表4-2-1。

表4-2-1 液压钻床PLC控制装置的安装与调试工作任务评价表

序号	评价内容	配分	评价细则	学生评价	老师评价
1	工具与器材准备	10	（1）工具少选或错选，扣2分/个； （2）器件少选或错选，扣2分/个		
2	液压设备的安装	40	（1）不懂液压设备中各部件名称及其作用，扣2分/个； （2）液压设备部件安装位置不正确、或不牢固，扣5分/个； （3）液压设备动作不灵活，扣5分/个； （4）液压回路系统图不会识读，扣5分/处； （5）液压回路系统图工作原理理解不到位，扣5分/处； （6）液压回路连接布局不合理、不牢固，扣5分/处； （7）调速阀、减压阀等参数调整不合理，扣2分/个； （8）传感器位置、灵敏度调节等不合理，扣2分/个；		
3	液压设备的调试	40	（1）未绘制PLC电气控制原理图，扣15分； （2）电气控制原理图绘制不正确，扣5分/次； （3）电气控制电路连接错误，扣5分/处； （4）连接导线不按规范要求，扣5分/条； （5）未编写PLC控制程序，扣20分； （6）按下启动按钮，液压设备不启动，或动作顺序错误，扣10分/个； （7）按下停止按钮、或急停按钮，设备无法正常动作，扣10分/个		
4	职业与安全意识	10	（1）未经允许擅自操作，或违反操作规程，扣5分/次； （2）工具与器材等摆放不整齐，扣3分； （3）损坏工具，或浪费材料，扣5分； （4）完成任务后，未及时清理工位，扣5分； （5）严重违反安全操作规程，取消考核资格		
合计		100			

思考与练习

一、填空题

1．摇臂钻床主要由底座、外立柱、内立柱、摇臂、________、________等组成。主轴箱为复合部件。

2．根据电气控制原理图，请你完成PLC的I/O地址分配表的填写。

表 4-2-2 I/O 分配表

输入信号			输出信号		
序号	输入地址	说明	序号	输入地址	说明
1	X0		1	Y0	
2	X1		2	Y1	
3	X2		3	Y2	
4	X3		4	Y3	
5	X4		5	Y4	
6	X5		6	Y5	
7	X6		7	Y6	
8	X7				
9	X10				
10	X11				

3．根据如图 4-2-1 所示液压钻床结构示意图，请你回答：

（1）主轴箱的上升与下降由______液压缸驱动，工作台的移动由______液压缸驱动。

（2）工作台在初始位置、加工区、成品区位置停止均由三个__________（器件名称）控制。

（3）________传感器用于检测加工材料是否为金属；______传感器用于检测入料口是否有加工件。

4．根据如图 4-2-2 所示 XX 型液压钻床液压系统图，请你回答：

（1）部件 5、6 的名称是________阀，属于液压______元件；部件 7 的名称为______阀，属于液压______元件。

（2）驱动主轴箱、工作台及夹具的执行元件为________；调节部件 1 和部件 3，可以控制主轴箱的______速度、工作台的______速度。

（3）调整液压夹具的夹紧力是由部件____调节控制的，它的名称是______阀。

二、简答题

1．简述识读液压系统图的方法和步骤。

2．简述本次工作任务中液压钻床工作台的前进与后退的工作原理。

三、实训报告

1．实训内容与目标。

2．绘制液压系统图、PLC 控制电气原理图。

3．实训设备功能的概述。

4．实训总结。

附录A

YL-381B型PLC控制的气动与液压实训装置简介

一、设备概况

本实训装置将实训台设计成双面实训屏，一面作气动实训用，一面作液压实训用。实训装置采用敞开式结构的操作板，各种真实的气动与液压元件可灵活地安装在操作板上，各执行模块、PLC实训仿真系统、组态技术为一体。学生用带有快速接头的连接管在各液压元件之间连接，连接方便快捷，再配上可编程控制器，组成具有一定功能的气动与液压系统，具有很强的实操性，让学生快速地了解并掌握工业气动与液压元件的结构原理及其应用。

YL-381B型PLC控制的气动与液压实训装置如附图A-1所示。本实训装置具有以下一些特点：

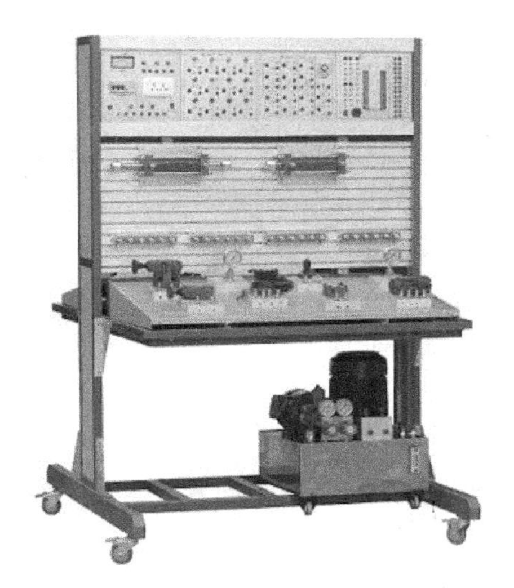

附图A-1　设备外观图

（1）采用双面实训屏结构设计，有效地节省了实验室的空间。

（2）气动与液压采用快速接头可插拔式，方便学生在实验过程快速实现的内容。

（3）由于元件体积小，重量轻，因而惯性小，启动制动速度快。

（4）借助结构简单的气缸与液压缸，可轻易地实现直线往复运动。

（5）易于实现自动化，调节方便，操作简单。

（6）易于实现过载保护，工作安全可靠。
（7）实验时组装实验回路，快捷方便，实验回路清晰明了。
（8）电气与 PLC 控制采用模块组合式的结构，操作方便，整体结构简单，实用性强。
（9）易于实现标准化、系列化和通用化，便于设计制造和推广使用。

二、实训内容

本实训装置可完成以下实训项目：

1. 气动部分

（1）单作用气缸的直接控制
（2）双作用气缸的速度控制
（3）双作用气缸的换向回路
（4）双作用气缸的逻辑功能的直接控制
（5）双作用气缸的逻辑功能的间接控制
（6）双作用气缸的延时控制
（7）双手操作串联回路控制
（8）两地操作并联回路控制
（9）具有互锁的两地单独操作回路控制
（10）延时返回的单往复回路控制
（11）采用双电控电磁阀的连续往复回路控制
（12）双气缸往复电一气联合控制
（13）PLC 控制的连续往复回路
（14）PLC 控制的延时返回的单往复回路

2. 液压部分

（1）采用减压阀的减压回路
（2）采用三位换向阀（M 型）的卸荷回路
（3）采用先导式溢流阀的卸荷回路
（4）节流阀的节流调速回路
（5）调速阀的调速回路
（6）差动快速回路
（7）采用液控单向阀的单向闭锁回路
（8）采用液控单向阀的双向闭锁回路
（9）采用三位四通（O）型换向阀的闭锁回路
（10）采用并联调速阀的同步回路
（11）采用顺序阀的顺序动作回路
（12）PLC 控制的压力继电器多缸顺序动作回路

附录B

发密科仿真软件入门学习指南

一、发密科仿真软件概述

1. 软件简介

发密科仿真软件是为未来各个水平的技术人员和工程师培训提供完整的软件解决方案，如附图 B-1 所示。

该软件提供直观的设计、动画演示、模拟和分析电路及友好的用户环境。它与控制系统、传感器、执行机构的交互极其方便，用它做设计、模拟仿真、调试与维修及故障判断非常有用，可大大提高工作效率。教师能够在较短的时间内向学生呈现更多的内容，帮助学生提高理解概念、排除故障及应用知识的能力。

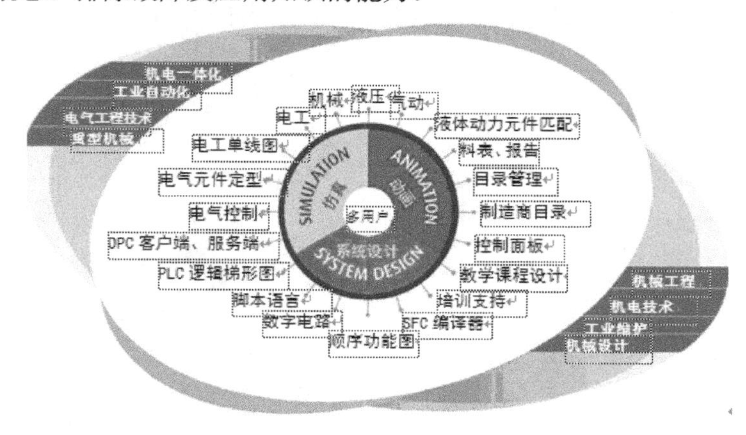

附图 B-1　解决方案图

除了上述基本功能以外，用户还可以创建自定义宏、元件库及模板，选用标准的组件、灵活的绘图工具来实现用户的理论教学仿真。

在仿真过程中，组件采用动画方式呈现，线路和管路根据实时的状态采用色标形式呈现。在仿真的过程中用户也可以进行修改，断开线路、管路进行测量或更换部件，解决系统故障问题。

仿真过程中允许重新设定参数，如压力、流量、速度、位移等；并有操作提示及理论解释；还可以通过剖面图动画仿真，进一步深入了解其结构与工作原理。在仿真教学软件中，还可以建立虚拟的被控对象，通过外部接口与其通信，进行操作等。

2. 适用专业领域

该仿真软件适用于中等职业学校、高职高专及本科院校各专业，列表如下：

学校类别	应用专业
中等职业学校	机电技术应用、机械制造技术、机电设备安装与维修、机电产品检测技术应用、工业自动化仪表及应用、电机电器制造与维修、电气运行与控制、电气技术应用、供配电技术、电子技术应用
高职高专	机电一体化技术、机电设备维修与管理、自动化生产设备应用、机械设计与制造、机械制造与自动化、电气设备应用与维护、应用电子技术、检测技术及应用、生产过程自动化技术、电子仪表与维修、电气自动化技术、电气工程技术、供配电技术、电力系统自动化技术
本科院校	机械设计制造及自动化、电气工程及其自动化、机械工程、测控技术与仪器、机械工程及自动化

3. 软件参数

（1）系统功能

该软件围绕仿真、动画及系统的设计等三大功能来实现系统的仿真教学。目前已经建立好的模块有：气动与液压、电工、电气控制、PLC 逻辑梯形图、顺序功能图、电工单线图、数字电子技术、2D/3D 人机界面（HMI）、控制面板、机械连接、OPC 客户端及 OPC 服务器、创建教学用视听材料等。

用户可通过这些模块灵活地选择来进行教学仿真、教学演示、科研等活动。功能演示部分案例如附图 B-2 所示。

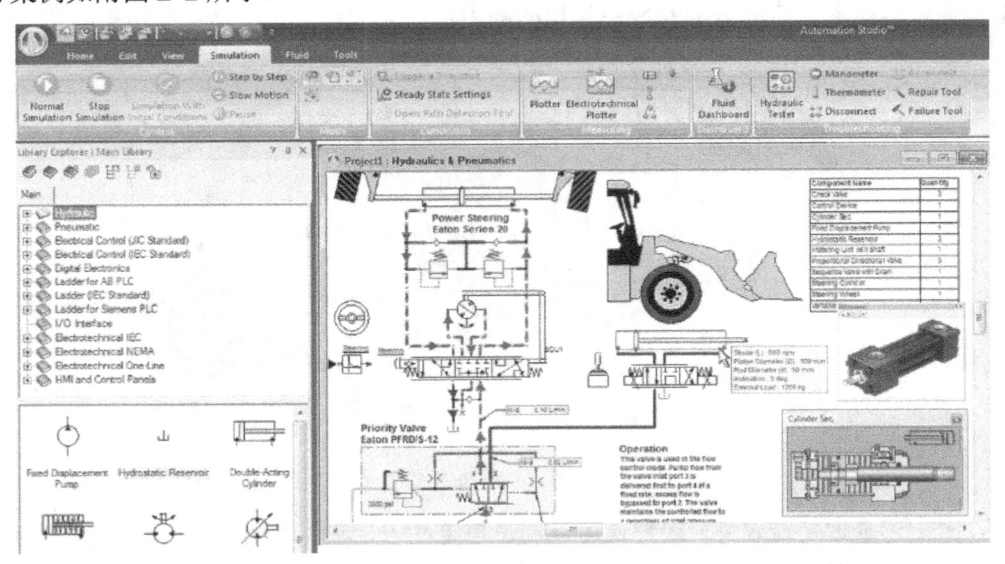

附图 B-2　功能演示

（2）用户对象

该软件适合于中、高职及本科院校进行课程设计、教师备课、教师与学生互动、学生考核与培训等教学活动。

通过软件的演示来验证课堂中所学的理论，以全彩、动态方式展示系统行为，加强对不同系统相互作用的理解，直观地测试所有类型的系统，使多种系统集成展示更便利，在虚拟系统上加强教学和学习，为老师和学生所使用。

（3）系统环境

系统运行对硬件、软件的要求列表如下：

运行环境	要求
硬件运行环境	CPU：Intel Core2 双核 1.83GHz 或相当
	内存：2GB 或多于系统所需量
	显卡：显存 512MB 或更高，最低屏幕分辨率 1024*768
	硬盘空间：3GB 可用空间
软件运行环境	操作系统：Windows Vista SP1、Windows 8or8.1 专业版（32 位或 64 位）

发密科软件的安装界面如附图 B-3 所示。

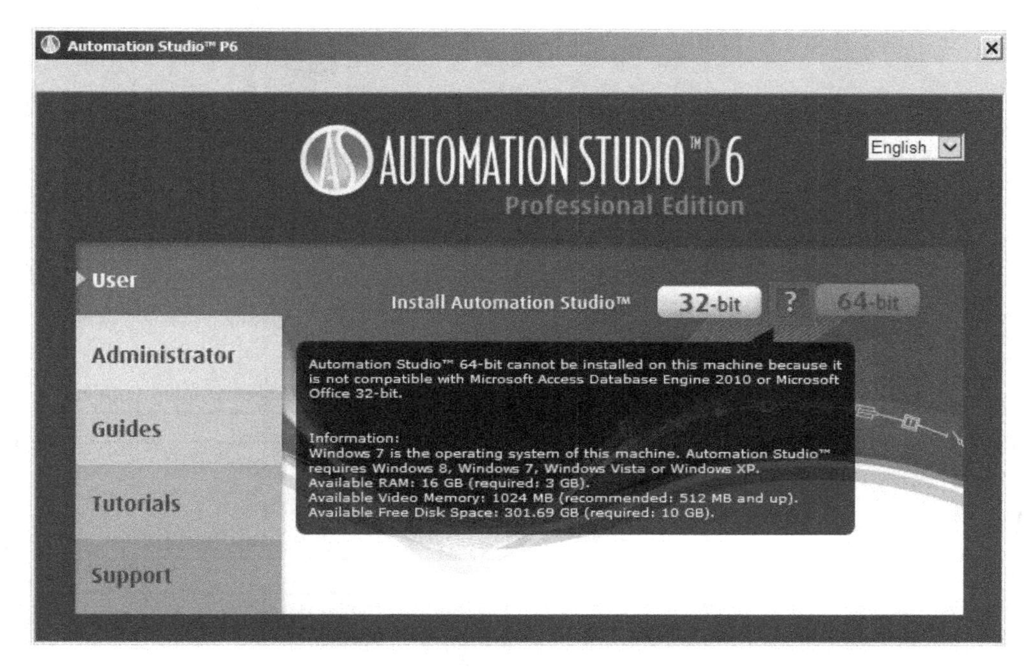

附图 B-3 安装界面

二、发密科仿真软件特点

1. 功能库选型

功能库有液压与气动模块、电气控制模块、电工电子模块、可编程控制器与传感器应用模块、供配电模块、2D/3D 人机界面（HMI）模块、机械连接等。

（1）液压与气动模块。

（2）电气控制模块。

（3）电工电子模块。

分别见下表所示。

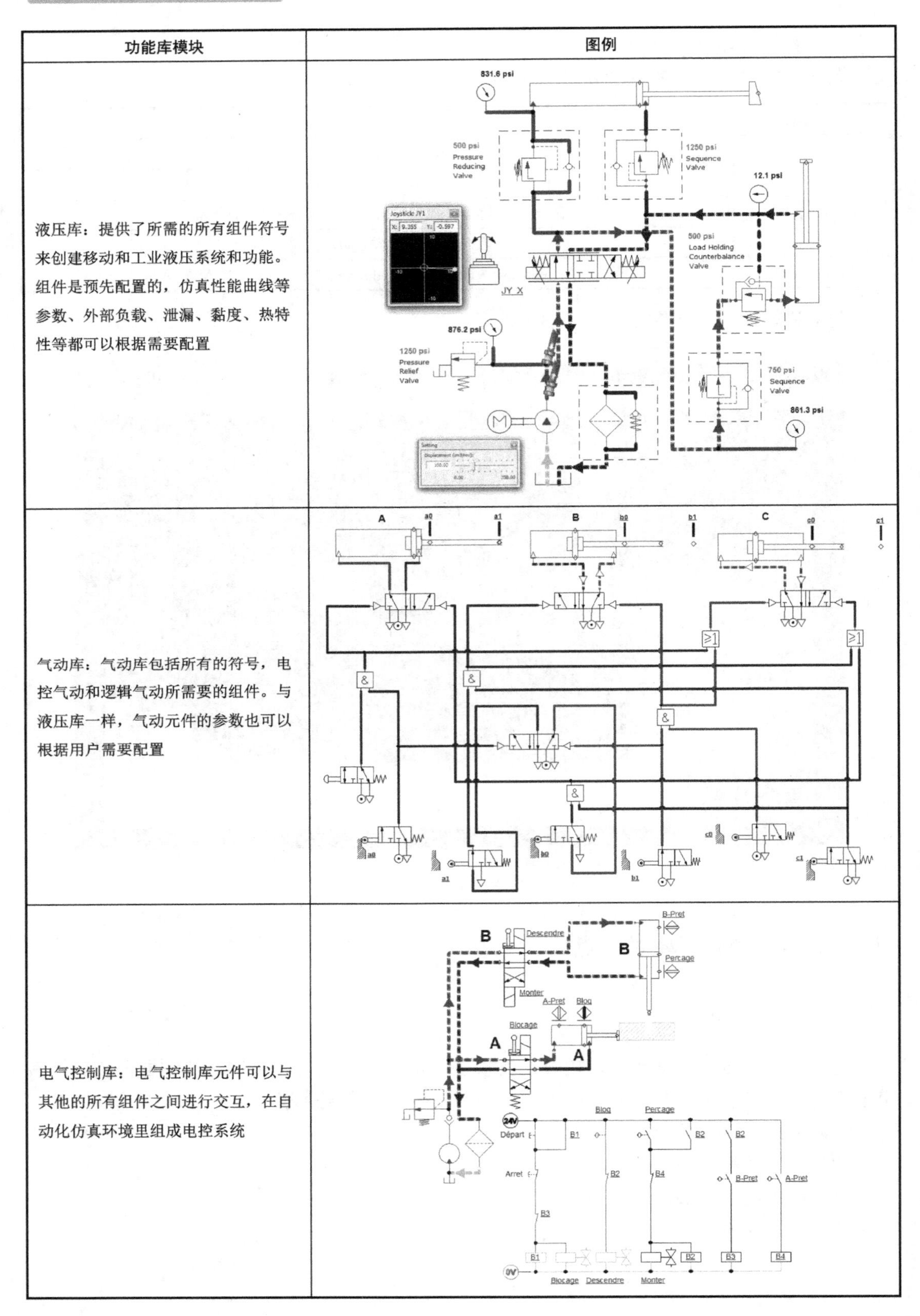

功能库模块	图例
液压库：提供了所需的所有组件符号来创建移动和工业液压系统和功能。组件是预先配置的，仿真性能曲线等参数、外部负载、泄漏、黏度、热特性等都可以根据需要配置	
气动库：气动库包括所有的符号，电控气动和逻辑气动所需要的组件。与液压库一样，气动元件的参数也可以根据用户需要配置	
电气控制库：电气控制库元件可以与其他的所有组件之间进行交互，在自动化仿真环境里组成电控系统	

电工库：提供了一个广泛的组件来创建交流电路和直流电路，从基础到高级的应用。它支持 IEC 和 NEMA 标准。

电机软启动器和变频驱动器，它提供了符合制造商实际模型。配电柜和接线盒工具可以快速实现和设计相关功能模组，并支持安装导轨与管路设计组件。

电子库：数字电路图库提供完备的标准配件，包含反相器、逻辑门、触发器、计数器、移位寄存比较器、开关、LED、7 段数码管显示、解码器、多路传输器等，从简单到复杂的逻辑元件一一俱全。

（4）可编程控制器与传感器应用模块

PLC 逻辑库：仿真软件提供了三种 PLC 逻辑梯形图编程，很容易创建和模拟控制一个自动化系统的一部分。

功能图库：顺序功能图库是实现控制结构的首选工具。除了使用宏步骤外，软件也支持使用等级封装步骤来建立。

（5）供配电模块

为个元件库为各电压等级的发电、输电和配电提供了采用单线的方式来设计组件。

（6）2D/3D 人机界面（HMI）模块

该模块提供的设计工具，可以形象地设计动画和控制面板，通过 Automation Studio TM 提供的 3D 编辑器可以实现 3D 动画的仿真。支持 STEP、STL、IGES 三种格式 3D 零件的导入，在仿真中实现各种机器设备的操作行为与过程。

（7）机械连接（可选）

使用机械管理，机械机构可以与液体动力执行机构来模拟和动画效果。

2. 软件的特色

发密科软件具有以下几个方面的特色：

（1）OPC 客户端与 OPC 服务器（可选）

OPC 客户端是一个标准的软件接口，允许发密科软件的交换数据在任何公司或其他控制设备的 OPC 服务器上可以使用，反之亦然。

（2）使用现场总线（CAN BUS）连接虚拟设备（可选）

发密科软件可以与任何兼容 OPC/CAN BUS 的控制设备进行通信。

（3）PLC 导出功能（可选）

在软件中允许用户导出 SFC.GRAFCET 到 SML 格式或者到 SIEMENS STEP7，并且支持用户下载到 SIEMENS S7-300 系列 PLC 中，这是其他仿真软件所不具备的。

（4）故障诊断

创建组件故障或启动一个预定义组件故障可以训练学生排除故障的能力，学生在“假设”的场景中学习快速查找和解决系统潜在问题。

可以设置两种条件：自动或手动。

（5）教学视频课件制作

用户在仿真自动化平台提供的工作流程管理里面制作相对应的教学课件，方便老师进行教学管理，理论讲解。如附图 B-4 所示。

（6）创建用户自定义宏和模板

选用标准组件、灵活的绘图工具，以及分组功能，用户可以创建自定义自己的库和模板。

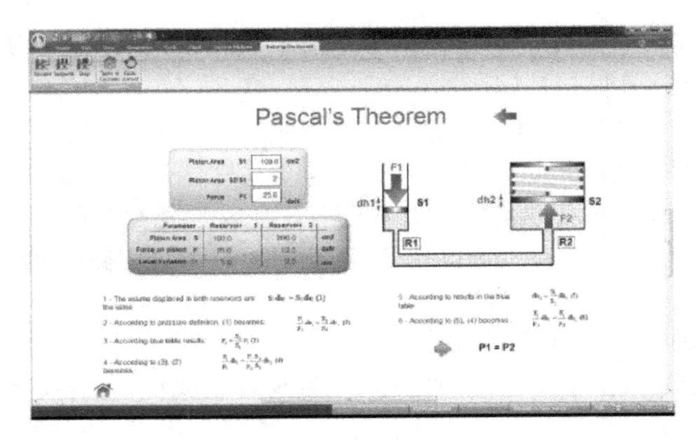

附图 B-4 教学视频课件制作

三、发密科仿真软件的仿真实验

1. 双作用气缸的延时控制回路的搭建

操作方法与步骤如下：

（1）打开软件，出现如附图 B-5 所示的初始界面。

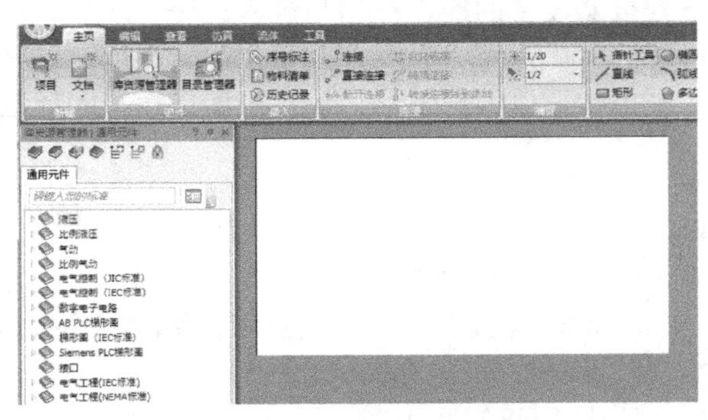

附图 B-5 仿真软件的初始界面

（2）添加“亚龙气动与液压实训仿真教材”，在库资源管理器内单击“打开库”，库资源界面如附图 B-6 所示。

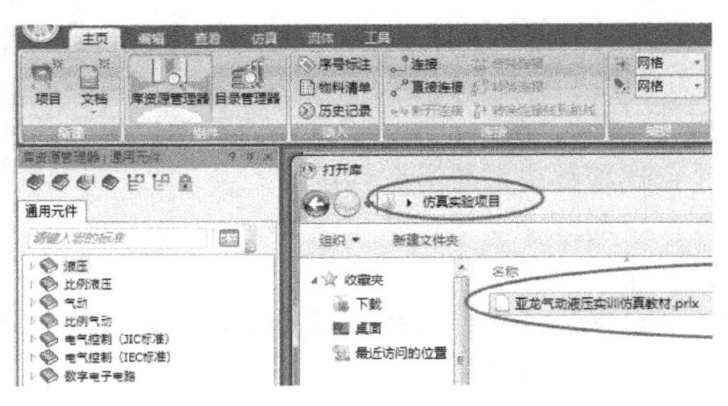

附图 B-6 库资源界面

（3）在资源库内就可以查找到实验项目所需的元件，将元件从资源库内一次拖曳到绘图区，然后根据实验原理图将图区内的元件摆放整齐。

（4）根据气动回路原理图，完成气路的连接，如附图B-7所示。

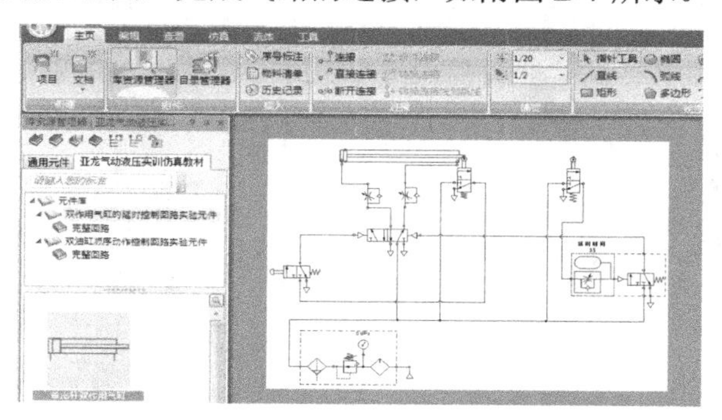

附图B-7　完成气路的连接

（5）参数设置

① 延时时间的设定：双击延时阀，弹出编辑对话框→单击ASB3，选择延时元件→确认后，延时元件变红→设定延时时间为10秒。参数设置如附图B-8所示。

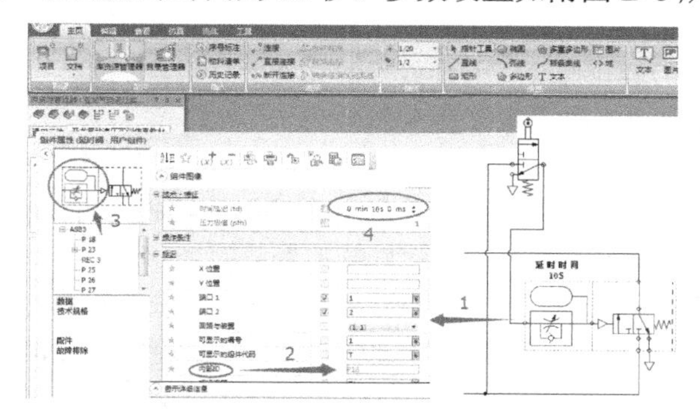

附图B-8　延时时间设定

② 运行速度的设定：打开仿真→双击单向节流阀，弹出设置对话框→拖动按钮，即可调节开口大小。起到控制气缸的运行速度。参数设定方法如附图B-9所示。

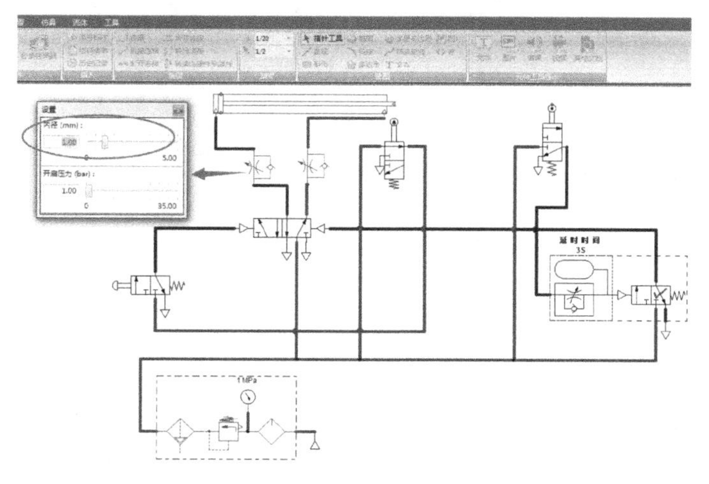

附图B-9　运行速度调节

（6）仿真实验，操作方法及步骤如附图 B-10 所示。

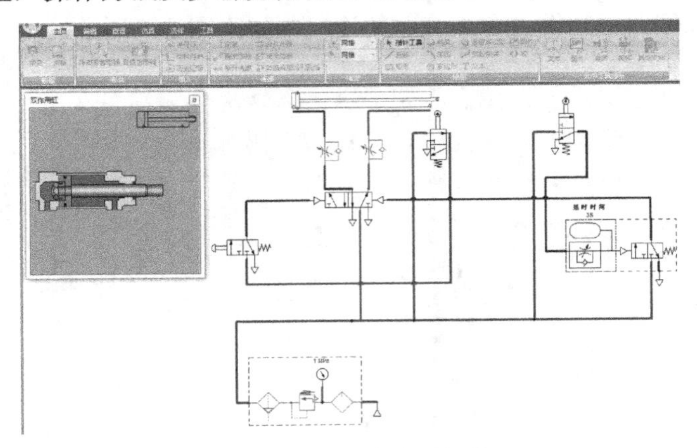

附图 B-10　仿真实验操作

2. 双油缸顺序动作控制回路的搭建

操作方法与步骤如下：

（1）打开软件，出现如附图 B-5 所示的初始界面。

（2）添加“亚龙气动与液压实训仿真教材”，在库资源管理器内单击“打开库”，库资源界面如附图 B-6 所示。

（3）在资源库内就可以查找到实验项目所需的元件，将元件从资源库内一次拖曳到绘图区，然后根据实验原理图将图区内的元件摆放整齐。

（4）根据液压回路原理图，完成油路的连接。如附图 B-11 所示。

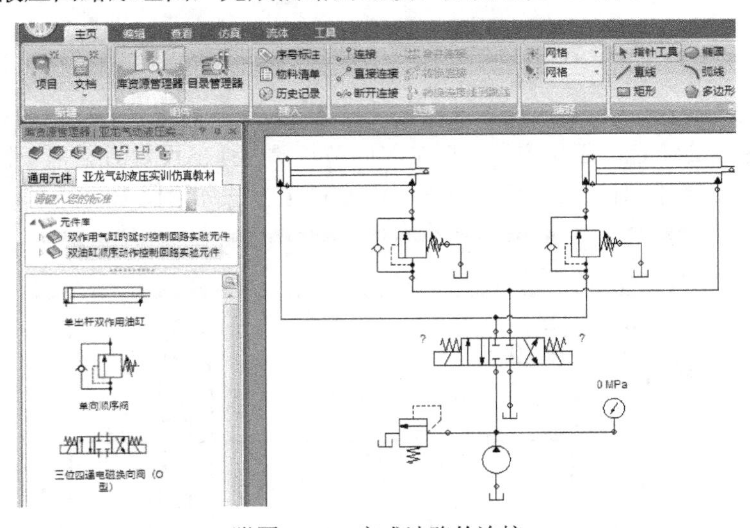

附图 B-11　完成油路的连接

（5）根据电气控制原理图，将电气元件库内的元件拖曳到绘图区，并将元件摆放整齐。其中，按钮和线圈名称需要提前定义，接触点无须命名。完成电气控制电路的连接，如附图 B-12 所示。

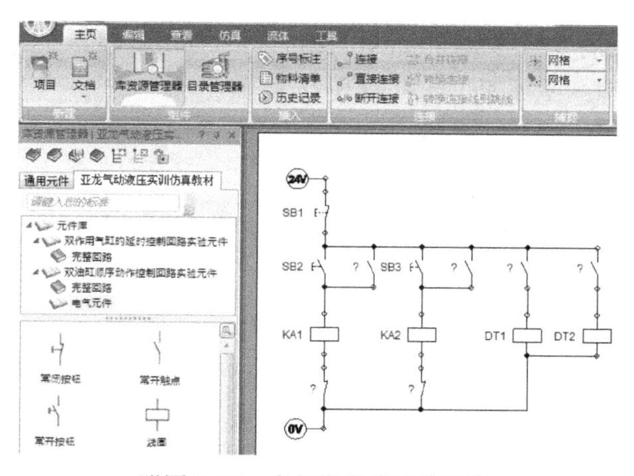

附图 B-12　电气控制线路的连接

（6）变量连接

① KA1 触点与线圈的变量连接：双击触点，弹出组件属性对话框→选择变量分配→组件变量选择→兼容仿真变量（在原理图内可以与组件变量连接的变量）→创建连接→完成变量连接。操作步骤如附图 B-13 所示，完成变量连接如附图 B-14 所示。

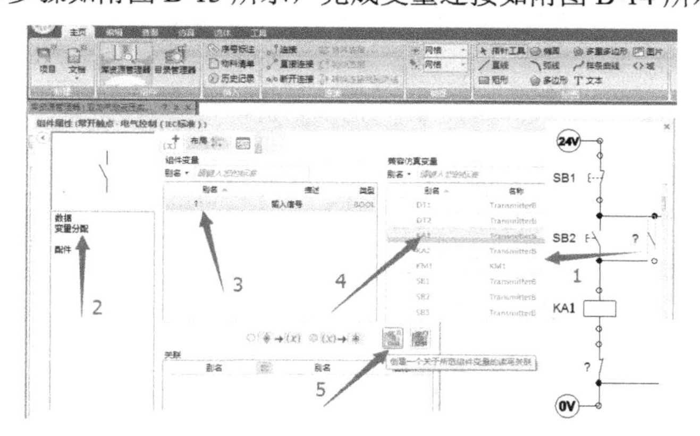

附图 B-13　KA1 触点与 KA1 线圈的变量连接步骤

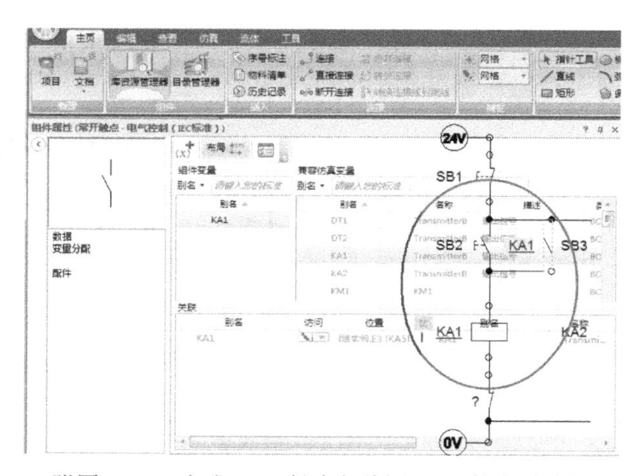

附图 B-14　完成 KA1 触点与线圈 KA1 的变量连接

② 换向阀与线圈的变量连接：双击电磁换向阀→单击电磁阀左侧线圈→单击变量分配→选择关联连接→完成变量连接。如附图 B-15 所示。

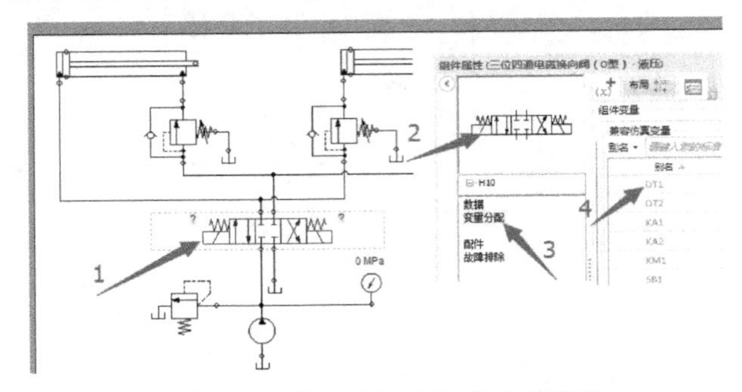

附图 B-15　换向阀与线圈的变量连接

（7）参数设置

打开仿真→双击单向顺序阀→设置顺序阀开启压力→完成参数设置，如附图 B-16 所示。

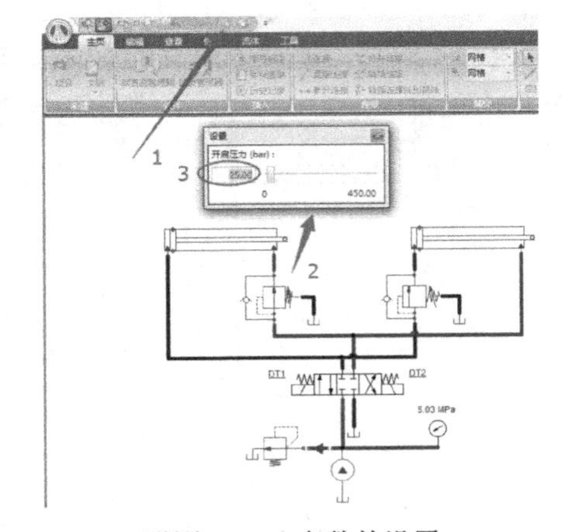

附图 B-16　参数的设置

（8）仿真实验

按下 SB2，实现工作任务油缸 1 伸出→油缸 2 伸出；若按下按钮 SB3，则油缸 2 缩回油缸 1 缩回。仿真实验操作过程如附图 B-17 所示。

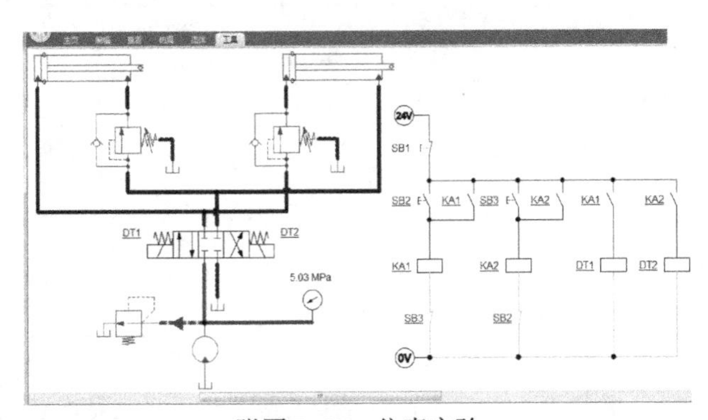

附图 B-17　仿真实验

参考文献

[1] 马振福．液压与气压传动．北京：机械工业出版社，2015.

[2] 吴琰琨．液压与气动技术．北京：人民邮电出版社，2009.

[3] 将光玉，冯新伟，刘顺心．液压与气压传动项目教程．武汉：湖北科学技术出版社，2014.

[4] 李建英，庄明华．气动与液压控制技术训练．北京：清华大学出版社，2014.

[5] 杨少光．机电一体化设备的组装与调试．广西：广西教育出版社，2009.

[6] 梁倍源．机电一体化设备组装与调试．北京：机械工业出版社，2015.

[7] 亚龙教育装备股份有限公司．亚龙 YL-381 型 PLC 控制的液压与气动实训装置实训指导书.

[8] 亚龙教育装备股份有限公司．亚龙 YL-235A 型机电一体化实训装置实训指导书.

[9] 湖南睿创宇航科技有限公司．RCYCS-A（M）透明液压系统综合实训装备产品说明书.

反侵权盗版声明

举报电话：（010）88254396；（010）88258888
传　　真：（010）88254397
E-mail：　dbqq@phei.com.cn
通信地址：北京市万寿路 173 信箱
　　　　　电子工业出版社总编办公室
邮　　编：100036